TIME IS NOT ANYTHING

别扯了，时间才不会改变一切

王远成

著

武汉出版社

（鄂）新登字 08 号

图书在版编目（CIP）数据

别扯了，时间才不会改变一切 / 王远成著 . -- 武汉：
武汉出版社，2016.6

ISBN 978-7-5582-0504-0

Ⅰ . ①别… Ⅱ . ①王… Ⅲ . ①成功心理－通俗读物
Ⅳ . ① B848.4-49

中国版本图书馆 CIP 数据核字 (2016) 第 144371 号

上架建议：心理学·励志

著　　者：王远成
责任编辑：刘　挥
出　　版：武汉出版社
社　　址：武汉市江汉区新华路 490 号　邮　编：430015
电　　话：（027）85606403　85600625
http ://www. whchs.com　E-mail：zbs@whchs.com
印　　刷：北京鹏润伟业印刷有限公司
发　　行：北京天雪文化有限公司　电　话：（010）56015060
经　　销：新华书店
开　　本：880×1230mm　1/32
印　　张：9　字　数：160 千字
版　　次：2016 年 8 月第 1 版　2016 年 8 月第 1 次印刷
定　　价：39.80 元

推荐序
时间不能改变一切，能改变一切的只有你自己

　　王远成的文字在网络上火起来的那一年，我还在准备自己的《不要让未来的你，讨厌现在的自己》的书稿，网络上铺天盖地的转发、评论、质疑、嘲讽、声援，我几乎没有时间来关注，而那时我也不知道，他因为那篇《背井离乡，为何仍要打拼北上广》声名鹊起的同时，也意外地被"沉寂"了一年。

　　生活从来不是一件容易的事情，这个道理随着经历和年岁的增长逐渐加深、凸显。那无数个日日夜夜的坚持、无数个与自己战斗的日子，是每一个奋斗过的年轻人对青春最深刻的回忆。将一件事情做成功，哪里有旁人看着的那么容易——时间不能改变一切，能改变一切的只有你自己，从来都不会有"等到十年后我也能拥有这些"的奇迹，那些最终得到了自己想要的东西的人，都是踏踏实实努力奋斗的人。王远成是一个经历过辛苦的年轻人，从一个民办大学毕业生的身份开始，用最普通的招聘会的方式求职，不计回报地工作，不断努力向周围的人学习。他的每一段人生经历，看起来都有一种置之死地而后生的感觉，读来像一把刀刻，每一句话都含着血泪，充满了年轻人特有的忘我奋斗的精神与排山倒海般的力量。

那么多的人都在奋力地从原来的小圈子里跳出来，奋力地迈向更大的世界，而当那些比你优秀的人还比你更加努力，你有什么资格要求得到你现在远不能拥有的生活？抱怨是这个世界上最没用的东西，一件事情只有你去做了，你才能体会到艰辛、纠结、焦躁、欣喜。

　　这个世界最温柔的地方，就是让我们能够看到自身和他人的转变。那些冲破泥淖出尘不染的人和那些甘于平庸碌碌无为的人注定要渐行渐远，甚至他们的下一代，都将有着天壤之别。幸而我们身边的人，都有一颗蠢蠢欲动的心，期待着有一天能够成为自己想要的样子，所以，现在我们能看到的只是他们埋头学习的背影、匆匆前行的脚步。我们如此幸运，我们依然还年轻，儿时许下的诺言、青年时的憧憬，都能够在我们足够努力并足够坚持的时候得以实现。

　　对于王远成，我相信无论过去多少年，他都会像年轻时候一样努力。他就像我身边的每一个努力奋斗在这个城市的朋友，但他又有别于很多人，他的质朴、勇敢、隐忍，以及对未来的憧憬和信念，让他成为一颗耀眼的星星。

　　多年后，或许我们前行的脚步已经放缓，我们的容颜不再青春，但那时的我们也更加明白，时间在我们的生命中始终都是旁观者，让我们更加优雅从容的，只有我们自己。

特立独行的猫

2016 年 5 月

目　录
CONTENTS

第五章
擎起信念，胸怀远方 233

努力从来不是一件辛苦的事情，你能否过上你想要的生活，完全取决于今天的你怎么做，所以，扬起风帆，坚定信念，向着远方前行吧，你终能获得想要的一切！

第一章

眼中有路，心中有光

这世间，没有什么东西是能够轻易得到的。你唯一能做的，就是坚定脚下的路，向着朝阳，走出自己的璀璨！

你为什么要努力

1.

2013 年，乌鲁木齐的一家西餐厅搞了一个活动。

简单地说，就是在每周一的中午 12 点，西餐厅的公众号发出消息之后，你在收到消息的第一时间回过去"一元秒杀"四个字。前十名发出消息的用户可以获得该西餐厅一套价值 300 元的套餐。

我知道这个活动的时候，乌鲁木齐参与的人还不多，于是，那次活动我中奖了。

这种餐厅对于常年在上海工作的我来说算不得高档次，张江的传奇广场也有很多类似的店，消费水平和鹿港小镇之类的是一个级别，所以我经常会去吃。

但这种东西在大部分的父母眼中是极为稀奇的，他们即使舍得下饭馆，也很少选择吃西餐，原因大家都懂。

那天我打了电话给六月，告诉她嘱咐家里不要做饭，今晚请他们吃西餐。

老妈当然不肯，回电话跟我说："你跟月月去吃就好，要把姑娘照顾好。"

我说："是我中奖了，西餐厅送了价值300块钱的套餐，我和六月两人吃不完的，咱们四个一起去，一顿饭只用花1块钱。"

父母听完就兴高采烈地一起去了。

嗯，一桌价值300块钱的菜，加上在大众点评给好评送的鸡柳，微信发朋友圈晒图送的咖啡，反正一大桌子菜，即使是4个人吃也还有富余。

老妈那一晚吃了一大块牛排，一大碗意大利面，若干小吃，吃得确实很撑。

吃完饭，一家人红光满面地坐着聊天。

老爸点了一根烟，我准备去结账，这时候餐厅上了最后一道菜：一个价值68元的冰激凌。

嗯，就是那种意大利冰激凌，分量很大，放在一个杯子里。

大家都吃不下了，我看了一眼说："那就别吃了。"说完起身去吧台结账。

我结账回来的时候，看见我老妈一个人吃掉了那个本来应该几个人吃的巨大的冰激凌。她有些心疼地说："你们怎么都不吃啊，这样太浪费了。"

我过去抢过杯子，说："妈，你这样会吃坏肚子的。"

你们无法体会当我看见老妈抱着那么大一个冰激凌吃，不是因为爱吃，也不是因为好吃，只是因为她觉得我们不吃了太浪费时，我的心疼和心酸。她举着那个杯子，那个贪到了小便宜的幸福表情，与那西餐厅昏暗柔和的灯光很违和地交融在一起。

2.

我来告诉你，什么叫贫贱夫妻百事哀。

大学毕业后，你爱上了一个姑娘。这姑娘冰雪聪明，活泼善良，笑起来的时候就像一朵盛开的水仙花，跟个小天使一般在你的心头盘旋。

她在你心里是神仙姐姐一样的存在，符合你对另一半的所有期待，你追她，甚至恨不得把自己的心掏出来给她。

终于，那一夜姑娘一脸娇羞地跟你说："我们先处着看看。"

你高兴坏了。

姑娘有一份普通的工作，她的一个闺蜜，老公超有钱，上下班接送她用的都是名车，每周给她更换一个新的驴牌（LV）包包，各种节日各种 party 就不说了，连清明节都会送她花，出去吃饭开红酒永远要最贵的。她俩同一个科室，每天吃一起玩一起，你能感受到姑娘的那种落寞吗？

嗯，你喜欢的姑娘，手机坏了，你带她去逛街，你们进了苹果专卖店，试了下苹果 6s，拍照确实鲜艳有趣，你也看出来姑娘很喜欢，可是后来你俩出来，最终走进了旁边的小米专卖店。

我知道你想说真正爱你的人不在乎这个，她也不怪你，可是说真的，都是 20 多岁的小姑娘，谁会没有点小小的虚荣心？

你到底有没有在你的青春年华，尽心尽力地爱过一个姑娘？

3.

你虽然穷，但姑娘很善良，你对她好，她很感动，两个人在一起了。半年之后，你打算去见姑娘的父母。

姑娘千叮咛万嘱咐，于是你提前洗澡、刮胡子、做面膜、熨西装、打领带，并将皮鞋擦得锃亮，在那一天一脸紧张地按响了她们家的门铃。

女朋友家很懂礼数，准丈母娘在厨房里忙活了一下午，做了几个菜，你们一边吃一边聊，你在席间跟女朋友对视，看到她一脸的赞许，你得意扬扬，以为大功告成。

突然，丈母娘半开玩笑半认真地说："你们俩的事情，本来我是不同意的。隔壁那个老王的儿子，公务员，对我家姑娘可好了。但是你对我家姑娘也很好，她也很爱你，这些我们都是看在心里的。我们不是不通情理的人，也没有什么别的要求，结婚的话必须要买房子，哪怕你付个首付，你们俩一起按揭也可以。房子写你俩名字，其他的，我和她爸爸不反对，家电装修，我和她爸爸想办法。"

你是愿意的，即使只写她一个人的名字也好，可是，你掏不起钱。

你说:"阿姨,我现在努力,我一定可以的,请您相信我。"

丈母娘脸色大变,将你送出门。

之后两周,这姑娘电话不接微信不回,两周后你约她出来,在她家楼下的街心花园里,你望着她,觉得这两周就像两年。她一脸冰霜,任凭你恨不得不要七尺男儿的脸面,跪下来求她,她也只是说对不起,哭着跑开。

两个月后,你接到她的微信:"我下月结婚,关于过去的点点滴滴,我都记得,谢谢你。"

你祝福她,删了她,从此你夜夜买醉,你愤愤不平地说,这个社会就是这么不公平。

4.

好吧,上面那个故事残忍了点,我们换个版本。

丈母娘答应了你,你俩欢天喜地地借钱、买房、按揭、结婚,一切从简。姑娘很懂事,她不要钻戒不要名车,房子简装修,家电慢慢买,日子过得也算不错。一年后,小生命降临,你们更加幸福甜蜜。

别急,故事没完。

突然有一天,电视台播放新闻:某某奶粉出现质量问题,质监局检查了全国奶粉,检查结果尚待揭晓。

一夜间,几乎所有的爸爸妈妈都开始购买进口奶粉。

老婆跟你商量，再穷不能穷孩子，咱俩省吃俭用没关系，孩子一定要吃好。

于是你们继续节约，孩子喝进口奶粉，用进口尿不湿。

孩子慢慢长大，上了幼儿园。

你的小孩很聪明，在全市幼儿园画画比赛中获了奖。

幼儿园要选 10 个小朋友，去日本跟日本小朋友做交换生，老师找到你："你孩子真的好棒，是我们学校的一个好榜样，这也是孩子开阔眼界的机会。"

嗯，去趟日本吧，10 天，6700 块钱，可以有一个家长陪同。

很多家长都想去，可是孩子成绩不够。

你孩子好争气啊你知道吗？可是你却掏不起钱。

5.

我们不聊爱情，我们聊聊亲情。

总有一天，这个世界上最爱我们的母亲会老去，她进了医院，查出了癌症。

是的，这个病，目前无解，横竖都是死。

医生说已经晚期了不能手术，建议化疗。

化疗的药物有很多种，有一种叫贝伐珠单抗的进口药物，2 万多一针，不能走医保，副作用小，化疗后不掉头发、不呕吐、病人精神。

普通国产化疗药，一针1000多，可以走医保，但病人吃了会呕吐、头发掉光，被折磨得生不如死。

嗯，你是善良的人，你只是穷。

半年后病情恶化，化疗没用了，于是医生又给你两套方案。

没钱的人保守治疗吃中药，疼到死。

有钱的人吃国外的靶向药物治疗，易瑞沙和特罗凯，一天一片，每天1000元，不医保，全部自费。

效果真的有，吃了以后，病人躺在床上能跟你聊天，也不会再昏迷。

呵呵，这是你最亲的人，你怎么选？

你不努力，用什么资格选？

别扯了，时间才不会改变一切

6.

很多人都说，早出晚归是为了未来，为了明天，blah blah blah。

我现在觉得，活着是为了过好当下。

钱在这个社会真的不是万能的东西。

比钱重要的东西多了。

可是我们为什么起早贪黑呢？

我们奋斗就是为了，我们的父母有一天，买一件自己喜欢的大衣的时候不要抠自己。

万一有一天遇到癌症这样不能挽回的病，死得能够舒服一点。

我们奋斗，也并不是为了姑娘不跟我们分手。

但姑娘跟我们分手，可以因为我们性格不合、价值观不一样，可以有各种各样的原因。

但不会是因为我缺钱。

看了太多相爱但因为钱而分开的例子。

但愿这样的悲剧，不要在我自己身上发生。

7.

为了那个每天给你做饭两鬓斑白的老人。

为了那个抱怨着把你的脏衣服扔进洗衣机的姑娘。

为了那个喝完牛奶离开家前亲你一口说爸爸再见的女儿。

这家里的一切，就是你奋斗的理由。

狗屁的承诺，狗屁的我爱你啊，等以后我有钱了就给你XXX，你这话骗得了姑娘骗不了你自己。

多少爱情就这样没有了以后。

珍惜当下吧，认真地去爱每一个人！

我们早出晚归，要的就是你出去玩的时候，别人吃 59 元的自助餐，你可以买 199 元的贵宾票。

要的就是女朋友在跟你说老公这个手机拍照好漂亮的时候，你也能笑着说服务员刷卡，而不是牵着她的手离开。

那些在姑娘面前刷卡的人，生活可能其实一点都没有你容易，他们只是知道为自己所爱的人付出，其实是一种幸福。

其实想通了，就觉得一点都不苦。

8.

生活是公平的。

你选择了清闲，就肯定有一个人替你担负了本属于你的重担。

有些事情，你做了，不一定能成功。

但你不做，就一定会是失败的。

而你早出晚归，就是为了你女儿、你妻子、你的父母可以睡到自然醒。

生活向来是一场颠沛流离的旅行。

众生皆苦，万相本无。

这一路实在苦短，越是有憧憬，越要风雨兼程。

你要对得起那些跟你选择一条船，陪你旅行的人。

你承担的社会风险，决定着你的社会高度

1.

前两天微信群里讨论一个问题：为什么很多人劳碌一生，依然生活在社会底层？

如果你认真观察周围生活在社会底层的人，会发现这些在生活中最苦的人，比如餐馆的保洁员、扫大街的清洁工等，往往劳碌一生却没有任何改变。

那么，为什么他们如此辛苦，最终却似乎没有得到相应的回报呢？

这个提问暴露出的最大的问题，就是我们被一个错误的信念欺骗了。

我们从小就被老师和家长灌输一个思想，那就是年轻人多吃点苦是好事，吃苦可以磨炼一个人的意志，让一个人变强大。这句话更多是针对男孩子，都说穷养儿富养女，一个男孩子多受苦，以后才有可能出人头地。

努力也不是吃苦，在我眼里，努力是有目标有想法的对一件事情进行持之以恒的钻研，然后经历从量变到质变的过程。

很多刚毕业的学生看了一些鸡汤文就跑到一线城市，然后就说你看我也挺受苦的，我住在地下室、住在天通苑，我每天一个半小时的地铁，我挤在合租屋里，我做客服做一休一，每次都上十几个小时的班，口干舌燥，然而一年后我发现自己并没存下来什么钱。

为什么最后的结果是受了这么多苦生活却没有什么改变呢？

大家聚集在一起后得到一个结论，是因为有钱人在压榨我们，他们处在社会上层，处在金字塔尖，他们压榨我们的劳动，压缩我们的劳动报酬。

这思维大错特错，因为这个结论，是社会底层的穷人给你的。

事实上你在这个社会吃多少苦，与你最后的社会地位没有多大关系。**决定你最终社会地位的，是你承担风险的能力，和你在这个社会上的影响力。**

2.

中国有句话说"光看见贼吃肉，没看见贼挨打"，这句话其实从侧面反映了这个问题。做过投资、买过基金和股票的人都知道，你愿意承担的风险越大，你可能获得的收益就越大，当然，你可能损失的也就越多。

保洁员工作辛苦但工资低，是因为他／她本来就是一个只对自己负责的人，那么他 / 她的劳动回报也就是让自己过好。

当你决定对自己孩子负责的时候，你可能就会不安于现状，愿意去多做一点兼职：下班后去地铁口卖个肉夹馍，卖个袜子，卖个雨伞。当然，小本买卖的风险可能是你进的袜子过时了，或者过季了，那么可能生意赔个几千块，或者袜子明年再拿出来卖。

而如果你对全家人负责，可能就会想要开个夫妻店做点什么，让老人能够安享晚年，孩子能够出去旅游。这时候你收到的回报就更高一点，当然，你需要承担的风险可能是一家店几万块钱的房租和装修。

如果你对别人家的人负责，你可能就是一个公司的小老板，一年捞个几十上百万，风险当然也是上百万的压货，和几十个工人每月的工资。

很多人跑来一线城市，闯了一年半载之后发现一无所获，他们把这个错误归结于鸡汤文，认为写励志故事的人都不负责任。

首先最大的问题是，他在来北京、上海的时候，就没有认真考虑过他为什么来，来了之后住哪里，做什么工作，对自己的未来工作有什么规划，对自己想要从事的工作有什么理解和看法，是否已经掌握了劳动技能。

这些通通都没有想过，他们的思维就是这里比其他城市工资高，所以他们就来了。

事实上，这群人来了之后发现，他们所谓的工资高，也就是高个 500—1000 元，计算一下生活成本后就会发现，跑这么一趟特别不值当。

3.

社会地位的上升，靠的不是吃苦，而是时机和思考的头脑，也就是现在特别流行的那句"选择比努力更重要"。

大部分穷人和题主说的保洁员们，大多靠出售时间来赚钱，这是赚钱方式中最为低端的一种。

毕竟，人的一生是有限的。你要吃饭、要睡觉、要休息，即使加上加班，你给企业服务的时间也是有限的。其次，人是会病的，你一旦脱离了工作岗位，你的工资就会消失，脱离一秒就会消失一秒。因此，出售时间来赚钱的方式是性价比最低的。

最后，这种工作最为低端最大的原因，就是可替代性强。因为能够做这个工作的人越多，聘请你所需要付出的劳动报酬就越少，你的劳动价值就显得越低。

另外的一种赚钱方式比之前这种高一点，叫出售稀缺性资源。

比如你开个面馆，用了你们家独特的手艺，比别人家好吃，那么你卖贵一点，多赚一点是应该的，别人也愿意花更高的价钱来你这里消费。你甚至可以说我每天只卖三个小时，卖完回家睡觉，或者我店里提供更好的服务，提供更快的无线网络接入，这也是海底捞比一般火锅更受欢迎的秘密。

在互联网里，这个就是用户体验。

考证书与此类似，你拥有某种上岗证，而这个行业规定必须有从业资格才可以上岗，那么你的价位就会比别人高，工作也比别人轻松。

但真正赚钱的人，赚钱都不是靠自己，而是靠别人。这就是当老板的思维。

工作后我发现一种现象，在一家公司里当老板赚钱的这个人，很多时候可能在行家眼里什么都不会，他每天的工作就是调配资源，把合适的人放在合适的位置，以发挥其最大价值。

事实上，在资源调配这件事情上，1个人加1个人的能力是会大于2个人的。而老板真正在做的，是资源的最大化，而为你服务的人越多，你的价值就越大。

许多年前我们老板因为员工离职率高在开员工大会时说了一句话，他说你们在座的各位，都可能离开，而只有我不可以。

因为老板承担的风险比员工都大很多，他影响着整个公司的生死存亡，而拿工资的人，都是每月到日子就会有钱吃饭的，只有老板，他必须要做到回报大于投入，否则就会死掉，所以，他才是公司里收益最大的人。

用好自己的资源，那么你就是那种可以只打两个电话就能帮助别人解决问题的人。早些年 iPhone 发售的时候，黄牛可能就是刚发售的时候忙一下，却比你一年赚的钱还多。

比你每天不知辛苦的工作更重要的，是抓紧时间学习你感兴趣，并且在这个社会比较稀缺的知识。了解自己、了解社会。同一块奶油，放在哈根达斯，加上装修精美的店铺、优美的文案、店员的微笑，售价可能就是普通冰激凌的几十倍甚至上百倍。

所以很多时候，想清楚再下手做，比盲目地做更重要。这世上最没用的就是抱怨，没有哪件事情是不会遇见阻碍的，要勇敢地扬帆起航，空想成不了任何的事情，只有一步一个脚印地走，遇见了问题积极乐观地去解决，你成功的概率才会更大。

别让穷人思维害了你

1.

我从小在一个国企大院里长大，那家国企非常穷，它一直是那种不能倒闭，但是却需要上级贴钱的单位，因为各种各样的原因，那单位依然处在整个市里最繁华的地段，被一群富得流油的企业包围着，像一个参加高级宴会的穷小子，一矗立就是几十年。

小时候在公共浴室洗完澡，绕路回家时，总觉得那院子很大，后来厂子穷，就把地租出去给别人，我搬家前住的那一片，都被租出去了，而且一租就是好几十年，所以那院子越来越小，背着一个有着悠久历史的国企的名声，如今就剩下两栋楼，越看越可怜。

从我懂事开始，整个大院的居民楼中间就被一道铁栏杆隔开，围栏的另一边是另一家国企的财政单位，因为直接跟钱打交道，所以效益极好。

这种贫富差距每到过年的时候就体现得淋漓尽致：一道铁栏杆之隔，一边是没完没了的烟火，遍地的鞭炮屑，大人小孩的喧闹声，而这边，大部分的家庭就在年三十晚上放放鞭炮，连个挂灯笼的人都没有。

记忆很深的就是老爸跟我笑着自嘲说："咱们这单位穷得，连个放炮的都没有。"我总是有些不好意思地跟着傻笑。

平日里体现两边贫富差距的则是汽车，对面停着各种牌子的进口车，最差也是日本车，而一墙之隔的这边，十辆车有五辆比亚迪，两辆长安。当然我并不是鄙视国产车，我也曾跟朋友开玩笑，说这厂子如果开进来一辆奔驰，不是有人结婚那就是外边进来办事的。

后来居民们为了方便，在铁栅栏中间掏了一个洞，两边的人可以钻来钻去。最早开始交流的当然是孩子，男孩子们举着玩具手枪和遥控汽车钻来钻去，丝毫没有受到大人之间的经济隔阂的影响。直到有一次，铁栅栏两边两个孩子的父母吵架，他们从孩子玩具的事情，扯到了孩子教养的问题。

别看那时候年纪小，但是心里也很清楚，对面孩子的家长其实是嫌弃我们的。于是孩子们首先建立起了隔离区，两边的孩子各玩各的，谁也不理谁。

但毕竟是孩子，几天过后，就又因为谁新买的游戏机而贴在一起，大人们却还是生着气，生气归生气，生活却丝毫没有改变。

2.

那时候院里时常传出对面某个孩子获了奥林匹克奖，穿得精神漂亮地去参加市里的活动的消息，想想也难怪，他们从孩子三岁起就开始教孩子学英语，学这学那。我们孩子间交流不多，在一起玩了半年之后，似乎彼此就没有再联系了。

而一墙之隔的我们，还没有长到大人腰高的孩子嘴里总是爆出几句脏话，父母不但不阻止有几次还哈哈大笑。

院子里住着一家人，父亲早年间进了监狱，母亲独自带着家里的三个孩子。那三个小孩从小不学无术，打我记事起就不上学了，但在附近的街区远近闻名，因为打架很猛，毕竟一个个体型壮硕，又是亲兄弟上阵，基本在附近几个院子无人敢惹，被冠名李家三兄弟，他们整天牵着一只大狼狗在楼下的篮球场晒太阳，一副标准的旧社会地主家傻小子的形象。

院子的门口是一家电影院，周边布满了整个城市最著名的酒吧、迪厅、商场。这些地方，院子里的大人大多没进去过，因为穷，所以看一场电影对他们来说是件奢侈的事情。这整条街的繁华，都与他们没有什么关系。

奇怪的是，这院子里的人，似乎从来都没有想过改变，关于这个问题，我曾跟老爸探讨过，父亲将其归结为文化素质低。

但据我后来的观察，这只是一个借口，如今这社会，你弱你有理。

3.

前段时间，公司一个女同事从日本回来，约我出来吃饭。饭吃了一半，聊到她和她小姑子。她说她出国回来，带了很多在国内价格昂贵的化妆品，然后她小姑子来她家做客了，选了一个很高档的香水要带走，这香水价格在国内大概几千块，她就跟小姑子报了个价钱，就是日元折算成人民币的价钱，等于帮小姑子代购，小姑子立马酸气地跟她说："嫂子你在互联网公司做，一个月几万块钱薪水，这东西为什么就不能送给我啊？我在上海，一个小白领几千块钱赚得那么辛苦。"

同事说的时候觉得自己很委屈，她说："我晚上加班到 2 点还是会定闹钟，早上 6 点起来写汇报文档；我怀孕的时候坐在家里开着 QQ 询问下属的工作情况，QQ 一响立马心就跳到嗓子眼。她报了一个 MBA 班，每天把时间浪费在淮海路的酒吧里，然后心安理得地吃了家里几年饭。为什么几千块钱的东西，她还如此心安理得地要我送给她？"

我说："我懂你的这种委屈。"

我妈妈小时候告诉我，别人找你借钱的时候，记得两个原则：原则一是，所有借出去的钱，就当送出去了，别人如果还给你，那么这个钱就当是捡回来的；如果别人没还你，你该是朋友还是朋友，否则，找你借钱的那个人，很可能就不再是你的朋友了。

第二个借钱原则就是，救急不救穷。

穷人总是有太多的理由，比如家里原先条件就不好，比如家里有个卧病在床的母亲，比如今天家里孩子开学明天丈母娘要旅行去洛杉矶，他们把所有失败的原因归结于：屋漏偏逢连夜雨，而对那些有钱人则是我哪有他们那么好的运气。

在上海的我常感到一个非常难以描述的事实，这个世界上，拥有财富越多的人反而越勤奋，而穷人，往往更加安于现状，他们不曾改变，也不愿改变，却把自己人生的失败归结于丧失了好的时机，他们仇富，他们认为自己的生活也很辛苦，他们不愿接受改变，把自己的命运交给外因。

这些年我所经历的有钱人，除了一个算是富二代的人过得比较奢侈（而且他有资本奢侈），绝大部分的人，都是纵然有很多钱也依然在为生活奔波，也有很多，真的可以说是白手起家。

我之前一个公司的老板，他在成名前，为了节约 5 块钱的地铁钱，上班的时候乘坐超市的免费班车，如今身价过亿。说他有一些发财的机遇我承认，但是，有多少成功的企业家是那种坐享其成或者完全依靠他人的呢？

我曾给一个全国著名的肿瘤医生打下手，那人级别特别特别高，在中国的肿瘤圈子里享有盛誉。他已经六十岁高龄，却依然忙碌在医学一线上，整天在世界各地飞来飞去，经常下了飞机回来安排一下工作事务就离开了，有时候在机场打电话听大家汇报工作，有时候周末叫我们去公司汇报工作，因为他忙起来可能一周都不在公司，有的时候忙得过了，吃饭都不太准时。有一次我跟他吃饭，得知他唯一的儿子在美国读医学博士，还没有毕业就被美国一家大医药公司高薪聘请，就顺口说了一句："老师您水平真高，自己这么棒，儿子也那么优秀。"

他的表情里掠过一丝难以察觉的得意，他告诉我，他有四个兄弟，儿子都在美国读博士，都非常优秀。

回来的路上我想了想，发现果然是物以类聚人以群分。一个六十岁的老人，还在为家里已经成才的儿子谋划未来，很多人去羡慕他的财富，只看到他开好车住好的房子，却不知道这背后，是他多年如一日的辛勤劳动。他能够到今天这个地位，取得今天这个成绩，真的一点都不令人意外。

在这个时代，勤劳的人可能不富裕，但是，勤劳的人是不会穷的。

这世上大部分人穷的原因只有一个，就是缺乏责任感，过于安于现状。他们抽着廉价烟，把自己的青春岁月交给了电视机，总觉得如今的生活已经够好，他们把别人成功的原因，都归结到客观事情上：别人抓住了时机，别人有什么人脉，而自己，只是运气不好。

他们的运气好，取决于越努力，越幸运。

穷人思维的安于现状，就是对当前状态的满意。他们用自己的弱势心态来为自己的失败和生活的不尽如人意找来各式各样的借口。

4.

后来我搬了家，很少再回去，那院子的房子也被租了出去，相隔多年之后，一次路过那院子，心生怀念的我进去转了转，竟然又遇见了李家三兄弟其中的一个，他居然真的依旧坐在那篮球场边上，依旧是一副不可一世的样子，唯一的区别是，我们都长大了，这么多年没见，他竟然认出了我。我礼貌地跟他打了招呼，寒暄了两句后匆匆离开。

无数个夏天过去，院子里的那群小媳妇们依旧一人一个小板凳地坐在那里，发表着她们对这个院子里的生活的评价。

那一刻我突然明白，有些东西是命中注定的，你不明白这二十年他在做什么，但你知道他的青春就荒废在这方寸大的院子里。

我最大的疑惑在于，院子里的人为什么从未想过改变自己。每个人都跟自己的孩子说：我这辈子没什么出息，以后就要靠你了。可是孩子依然没有什么出息，再去告诉孩子的孩子同样的话。平庸的一生太可怕了，它磨灭人的斗志，让人像萎靡而阴暗的花，黯然枯萎，再也见不到太阳。

多年之后我又穿过那个众多小板凳聚集的小区，曾经的少妇已经变成了跳广场舞的中年妇女，这么多年过去，她们依然只是把希望寄托在下一代身上。

我点头微笑，快步从她们身边走过去，看她们步履蹒跚地抱起懵懂的孙女。

孙女啊，爷爷奶奶这辈子就靠你了。

恭喜你，你的同事比你强

1.

2015 年的时候我跟梁子吃饭，那人是我在公司里亦师亦友的一个前辈，做产品的思路一流，基础扎实，每次聊天都干货满满。几年没见，他已经在国内一家非常著名的互联网公司里做到了产品总监的位置，我约了他很多次，他终于抽出中午的时间跟我坐在咖啡厅里聊聊天，我跟他说："你知道吗，如果可以，我现在很想去给你打下手，一分钱都不要地做个一年半载。"

他有些不好意思地笑着说："你别逗了，你现在日子过得那么好。"

我喝了一口咖啡，一脸认真地说："我知道你以为我是开玩笑的，我也想说我是真的。"

2.

梁子是我们公司最厉害的产品经理。

他体型微胖，眼镜黑框，笑起来眼睛眯成一条缝，和所有进出张江高科的 IT 男一样，永远是一件黑的 T 恤文化衫，一条藏青色的牛仔裤，甭管你怎么开玩笑，他总是呵呵一笑，和其他人不同的是，他不背黑色的 Wenger 军刀双肩包，因为他在公司的电脑是那个 27 寸的 iMac。在那家并不算大方的公司，他的办公桌配置颇为有格调：一个有两个杯子高的超级玛丽，一个用蓝牙连接唱歌的瓦力，一个亮白的伊娃，一个躺在桌子上面无表情的凌波丽。

公司之所以找到梁子，是因为那时候的我把项目搞得毫无头绪，而离项目交工的日子越来越近，经理终于受不了上边的压力和初入职场的我的蠢萌，告诉我把项目交给梁子，于是，我的工作变成给梁子打下手，且无论如何要保质保量完成任务。

然后我就傻呵呵地去找梁子了。

那时候我跟梁子虽然有过接触，但交集并不多，大多数时候页面设计的问题很难用三言两语说清楚，我就需要打 200 字描述一个场景，他大多数时候用"笑脸"表示自己已经听懂，而当他偶尔发一个"抠鼻"的表情时，我会用牙买加飞人的速度飞奔到他旁边，然后试图用我对产品的理解给他详细地描述。

说起来，我们之间基本没有工作以外的沟通，我除了对接他，还要对接一个运营经理、两个开发、一个用户体验师、一个测试，他只是整个流水线上重要的一环，而他要对接的除了我之外，还有公司的另外四个项目。

几天后的项目交流会，梁子拿出一个制作超级精美的 PPT，向公司的投资人和 CEO 一起介绍我的项目，而老总表扬我的时候，我自己还一头雾水：这么完美的方案，他是如何在几天内做到的？

随后的日子我彻底领悟了一个负责的职场人的态度：做事一丝不苟，工作尽心努力，职业素养发展全面，对自己负责的所有事物都能轻松搞定，对兄弟部门的办事流程有足够了解。

从那天起，他视我为兄弟，我则把他看作是师傅。

3.

你初入职场，一腔壮志豪情，开部门会侃侃而谈，把业务分析得头头是道，做汇报总结，你的 PPT 重点突出，主题鲜明，看得上司直点头，你暗自庆幸，这些年的努力没有白费。同学在打游戏的时候，你在上网校泡图书馆；别人在看电影的时候，你浏览行业新闻，在留言板上跟别人争论。毕业了，同宿舍的同学似乎并没有学到什么，到了一家新的公司，他们都是一切归零重新开始，而这时候的你可以就行业里的一个新闻分析出 3000 字，先甭管你扯的这些对不对，能做到这些，你已经算是个不错的毕业生，加上你懂礼貌，做事积极踏实，嘴甜得要死，深得上司喜欢。

就这样，你踩着风火轮在公司里快活了几个月，每天虽然忙碌但是自信心爆棚，你觉得日后有的是升职加薪的机会。

可是，突然有一天公司里进来一个新人。

你像往常一样眉飞色舞地讲完了推广计划，他突然站起来，礼貌地跟大家打招呼，然后拿着你的方案逐条分析，抓出你方案的缺点，1234 说得条条有理，并且给出了补救方案，听完大家一愣，报以雷鸣般的掌声。你打了个冷战，哇！好酷，正中你的要害，你也曾担心你的方案有这样的问题，可是因为你没有想到解决办法，所以就没有拉出来重点说，却不想有人听完了你的方案，不仅知道你问题出在哪里，连解决办法都拿出来了。

别急着佩服，这事儿还没完。

有一天网站开发部门找到你的部门，说他写的文档格式标准、表述清晰，程序员一看就懂，建议大家都按照他的标准来；公司说他开会做的 PPT 精美好看，公司还决定让他在月末员工大会上代表优秀新员工发表一下自己的感言。你开始偷偷注意他，发现他热情、积极、低调、平和，和谁说话都面带微笑，而且他年龄比你小几个月，毕业于你不及的重点大学，毕业的时候是学校上了光荣榜的优秀毕业生，成绩好是当然的，关键是他在各种社团和课外活动中都是带头人。

不久之后有了新任务，上司让他来做主要负责人，而安排你给他打下手。

其实最不好意思说的是，他还比你帅，一起新入职的小学妹每天早上娇羞着给他买早点。

你一定垂头丧气觉得整个世界被毁掉了是不是？你是该隔三岔五找他点麻烦呢，还是该进老大的办公室痛诉革命家史然后甩一张辞职报告走人？

你问我怎么全都知道？这有什么稀奇的，别说遇见比我强的同事了，连比我强的下属我都经历过！

我要说的是，我想恭喜你，快去跟他学功夫。

4.

无数人把同事间的竞争描绘得如火如荼，似乎这是一场你死我活的战争，因为我们从小就被教育，在这个竞争激烈的社会，想要过得好，就要从幼儿园开始没日没夜地做卷子，从小学、初中、高中到大学，我们都要争第一名，上培优班，读最好的学校。终于走进了职场，竞争这种事情你这么有经验，自然当仁不让。

更何况，你的父母告诉你，这么激烈的社会，你不抢别人饭碗，别人就来抢你饭碗。于是你绞尽脑汁，可是怎么也觉得对方比你优秀，你该怎么办？

其实，这是个被父母、长辈们妖魔化的话题。职场竞争是有，但真说心狠手辣，这么多年的职场拼过来，我感觉未必。

这些人，其实都是和你一样，读了大学，在你的隔壁班或者隔壁学校，努力读书，有自己的爱好。毕业后大家都是出来找工作养家糊口，他们都是你的学长、学弟、学姐、学妹，怎么可能一夜之间为了抢你饭碗，变得心狠手辣面目狰狞？

所以，**职场上在自己的领域，或者自己擅长的事情上，遇见比自己能力强大的人，其实是件难逢的好事。**

你是否有过为了听一个业内大佬的演讲坐几个小时车奔波展会的经历？我有过。既然是行业大佬，那么他对行业的看法，都是高瞻远瞩的，对你未来的发展和产品思路的形成会有很大的帮助。

人的弱点，就是当一个比自己强大的人出现时，我们更多的是羡慕，但当这个人变成了自己团队中的一员，又很容易嫉妒。

可是坦白说，人各有所长，你怎么能做到所有的事情都比别人强？

团队的成员优秀，每个人的压力自然会变大，就算你发现自己就是整个队伍里的后进生、猪队友，但是这是职场里成长最好的机会，这种有事情大胆做，出了错上面给你扛着，你只管撒欢似的横冲直撞的机会，可不是每个新人都有的待遇。

就算几个月后你惨遭淘汰，但在这样一个上进的团队，你的能力提升这么快这么多，去哪里找不到一份工作呢？

进团队不怕大家因为工作的事情有看法，不怕你追我赶，怕的是不作为。每个人都怕担责任，每个人都不愿意承担后果，遇见问题互相推诿，团队早晚要完蛋。满是猪队友的团队，谁愿意进？

不要把你在学校带来的 20 年的习惯用在这上面，你已经不再是学生了。

企业和大学最大的不同，是它的人员流动性和学校比起来要大得多，整个大学上完，班上同学的名字你可能都叫不上来一半，但这些人是恒定不变的，你这四年就跟这些同学打交道了，所以你可以在班上长期处在一种优势里，而且学习成绩这种东西，特别单一，学校的教材又比社会滞后很多，所以，如果你有了方法和窍门，占据一席之地，其实比较容易。

但在企业，这种长存的职业优势，基本不可能。

且不说企业不是大学那样一年招收新人一次，而是随时招聘引进新鲜血液，而且行业精英都是一个行业里最有经验的人，这些人，来自不同学校，不同城市，甚至很多是外国请来的。他们的成功有些是拥有超人的天赋，有些是通过个人努力，有些是性格使然，还有一些，是曾处在某些公司的某些职位让他有了过人之处。总之，去发现他们身上的闪光点，然后勇敢地改进自己吧！

收起自己内心里的蠢蠢欲动与不服气，千万记得别 Low 到去找别人麻烦，吃亏的一定是自己。且不说你自己都懂得自己实力欠佳，根本没有机会硬碰硬，最主要的是，小要把眼光拘泥于职场，除非公务员这种十几年如一日的稳定工作，要知道少则几个月多则几年，你们可能就不在一个屋檐下工作了，却在同一个行业里，这时候，也许你需要帮忙的时候他有资源，也许你有一个职位而他刚好在找工作。

至于那让你纠结和委屈的时光，等你足够强大了，你就能跟他碰一杯，然后在心里暗骂：呵呵，当年的自己，真像个傻逼。

不要恐惧你的缺点与弱点

一只木桶能装多少水，不在于木桶上最长的那块木板，而在于最短的那块木板。

——木桶定律

生活中看着那些见了人就滔滔不绝的人，以及那些刚上班就拿高薪的同学，总会感叹，觉得自己不够完美，可是有句话说得好，上帝给你关上一道门，就会给你打开一扇窗。各种性格的人，都有他独特的地方，凡事都有两面性，改变一些思路，你的劣势可能就是你的优势。

文科生也能打天下

有一天，一个女孩子在我的公众号里吐槽：王哥，在网上看过你写的很多文章，很羡慕你，我大四了，觉得中文系很不好找工作，出去也没有优势，该怎么办呢？

2015年6月7号，我刷手机的时候，看见《奇葩说》辩手柏邦妮发了一条微博，照片里的她举了一块小黑板，小黑板上潇洒地写着：高考数学9分，一样快意人生，勇敢地去吧！

我想起了我自己的高考，我当故事讲，你们当笑话听。

我是属于文理绝对偏科型的人，初中时候学到因式分解我就傻了，我至今记得，打败我的是一个十字相乘法的解题思路，那时候我花了很久来研究，可是我搞不清楚哪边用负号，所以从那天开始我就彻底放弃了数学。高中之后，我成绩偏科得夸张，我尽力让自己语文、历史、政治这种学科不丢分，高考的那一年，我的数学150分的卷子考了19分。

如今我大义凛然地说出来，当然不是觉得那是一件光荣的事，也不是让大家学习我，我想说的是，大学毕业后，我误打误撞地进了理工科学霸遍地的互联网行业，做了一名张江男。那时候在无数人眼里，文科生只能去做销售、市场这样的工作。毕竟是互联网行业，数学和英语是两个最重要的因素，普通的文科生做这个根本不可能。

作为一名至今不懂技术的产品经理，我可以恬不知耻地说，其实这些年，做产品运营，我自认为做得还算不错。

那些告诉你某个专业不好找工作、工资低的人，他们其实都没有真正接触过这个行业，比如传统思维里，互联网、计算机一定是理科生的专业，可是告诉你这句话的人，可能是你的爸爸，你的亲戚，或者一个不太玩计算机的朋友。而这些人，他们都没有进过互联网公司，甚至连互联网公司长什么样子都不知道。

计算机和互联网都是理科生的天下，这种想法确实没错，特别是在云计算风起云涌的时代，良好的数学基础能够让你更好地跟程序员沟通，也更能理解软件处理中的难题，这对于预估功能难度和工期都有很大的作用。

但这只是说，学理科的人从事互联网行业有优势。所谓优势，就是说有一些条件，但这些都不是一个人进入一家公司的决定性因素。一家公司的构架一定是多元化的，有行政、人事、业务、IT 部门等，他们需要的人才，当然也是多元化的。

如今的行业早已经不是当年靠一个优势打天下的了，近几年文科生在生活和工作中变得愈发重要。苹果创造商业奇迹的一个重要原因，就是它把手机从一个理科生理解的社会工具转变成了一个融入文化和易用性的社会工具。于是，手机不再是一个通信工具，它成了和人息息相关的产品，关系到一个人的衣食住行。

在如今的上海地铁站，你已经很少再看见中小城市常见的那些以打折为核心的广告了，商家利用各种吸引人的文案，跌宕起伏的故事，让人心暖或者为之动容的小细节，一张让你感叹寓意奇妙的照片，让一个个广告从让人厌烦抵触，到通过吸引和感染人让人驻足，这些，都是文科生发挥的巨大作用。

互联网领域，各种 APP 和网站愈发地强调小而美，软件 UI 交互开始被广泛地融入情感，而心思细腻敏感的文科生更加容易感受及描绘生活中的美，相对理科生，这种优势不言而喻。

而文科生开始大展拳脚，则归功于自媒体的兴盛。2013 年公众号发展开来，无数运营人开始强调内容为王，能写一手吸引人的故事成了很多新媒体运营公司的最大的要求。而来源于生活的故事，显然是文科生的强项。

生活中，看电影成了越来越受情侣欢迎的约会方式，一个个电影票房突破 10 亿、15 亿，甚至 20 亿的大关，这背后，是导演、编剧的努力，和整个影视产业蓬勃发展的表现，这其中贡献突出的，也都是文科生。

所以，如果你是一个喜欢写，喜欢画，满脑子浪漫场景，看电影泪点极低的文科生，对数理化心存敬畏，对公式丝毫不解风情，那么请你千万不要听你父母说理科生才比较好找工作这样的话，请相信我，在如今，只要你想，你一定能在这个社会寻找到自己大展身手的机会。

内向者的飞翔

我曾在酒桌上跟朋友吹牛，我说我初见一个人，跟他聊十分钟，就能感受到这个人对我的兴趣如何，我们的话题能够进展到什么程度。我虽然是个汉子，但也算心思细腻。

我说的是真的，因为我性格内向，且比别人敏感，这种敏感曾让我痛苦。它像一个漂亮的蒲公英，你轻轻一吹，很多外表看起来美好的东西就变得烟消云散。而我又是一个看起来非常容易相处，但事实上可能并不那么容易走进心里的人。

而经过这么多年的职场历练，如今的我已经敢于大胆上台讲话，手举着 PPT 遥控器在公司项目会上滔滔不绝，我保证你看不出来我是个内向、敏感，甚至有些孤僻的人。

无数的招聘广告要求应聘者性格外向、善于沟通，所以那时候，初入职场的我也着急改变自己，比如学习主动跟人说话，积极回应与我沟通的每一个人，这当然是一种正向力的改变，但是并不能操之过急，它需要一个过程。

我当时的主管，在一次偶然的机会得知我一上讲台就紧张得说不出话的时候，当即决定让我每周都要在部门例会上发言。那时候我能够把安排的每一项工作做得很好，却对于这种发言紧张得要死。有一次我的发言准备得奇烂无比，紧张得说不出话，越紧张，看着下面越是害怕，我磕磕巴巴地讲完，我以为我那天要挨训斥，结果主管下来之后跟我聊天，笑着说："你别怕啊，你说得很好，当众说话，没那么可怕对吧？"那段日子异常难熬，我甚至因为这种小事失眠，但是一次次的讲话之后，我变得越来越轻松。经历了那么多次你就会发现，其实绝大多数人并不如你想的那样关注你，至于小错误和小紧张，你只要做好自己就行了，久而久之，胆子就会越来越大。

克服自己的内向需要一个过程，而如果你暂时还没有变得开朗，也没有关系。如果你选对了工作，你的敏感，你的内向，都是你的优势，因为你内向，所以你更善于体会身边人的喜怒哀乐，你更了解真实的自己；因为内向，你观察到的世界更接近本质，你处理事情更集中，比一般人更小心谨慎，适合去处理一些重要的事情。你很可能比别人更善于分析问题，内向的人通常独来独往，所以个性通常更加独立，也是一个很好的倾听者，而善于倾听，几乎是一项情感表达中非常重要的优势。相比那些做事情容易分神心猿意马的人来说，内向者更"坐得住"，适合一些工作不繁忙但是需要耗费大量时间成本的工作，他们能从很多看似无聊的事情中，寻找到自己的乐趣。因为内向者也有倾诉欲望，所以他们的写作能力通常都比较强大。

而上面这些，都是你在工作中难得的闪光点，你慢慢就会发现，很多你性格上的劣势都可以变废为宝。运用好你的性格优势，你就会变得更强。

自卑其实也没有那么一无是处

《那些年，我们一起追的女孩》里，沈佳宜在那个星空璀璨而宁静的夜里哭得一塌糊涂，她对柯景腾说："我除了读书什么都不会。"

就如同很多年后我们才明白，我们眼中的那些男神女神，也会有自卑的心理，他们也一样悄然无息地掩饰自己的恐惧和无助，他们用自己无数次无人知晓的背后努力，换取那些你我看起来的轻松。

自卑说明我们发现自己在某些方面无论怎么努力都不可能超过某个人，但其实自卑是有好处的，它让我们产生羞耻感进而产生奋斗的信念，让我们变得更优秀。在一个团队中，后进者其实并不可怕，后进者运用好了，逆袭也真的时常发生，只要我们有意愿改变，而不是选择一味地退缩。

　　自卑者必须清醒地明白，很多时候，对方并没有我们想象中那么好，我们也没有心里想的那么差。人各有所长，没有必要因为自己无法掌握别人掌握了的技能而去难过和痛苦，一个打仗连胜的将军也许写作文比不上一个中学老师，你很难说明这两个人哪个贡献更大。

　　正确地认识自己，学会扬长避短，那么你就是优秀的，很多时候，把自卑当作自己改变的动力，而不是自怨自艾的借口，那么，你就很好地运用了自卑。

所谓情商高，不过就是站在别人的立场想问题

1.

有一个网友上网求助，说 2014 年就在父母的帮助下在上海买了一栋 380 万的房子，还有一辆汉兰达的车，自己在互联网公司做前端开发，月薪可以拿到 3 万，可是依然找不到女朋友。之前参加相亲会的时候女方都问他有没有房子，他就觉得房子应该是最重要的了，后来狠心买了房子心想这下应该可以放心，结果女生还是见他几次就毫无消息。他很痛苦，问网友到底是哪里出现了问题，然后拍下了那栋房子的几张照片。

我仔细观察了那几张照片：画面中，沙发上堆了很多没有叠的衣服，茶几上放了很多瓜子壳和塑料袋，还有各种各样包装散落的零食，家具并不低档，但是满地脏乱的垃圾，最后一张，是一床没有叠好的被子，一个夜市里淘来的床头小桌，破旧的笔记本电脑，以及清晰可见落着厚厚的一层灰的鼠标垫。

我"扑哧"一下乐了，正准备开口说两句，是什么让一个月薪 3 万的男生把一栋价值 380 万的房子过出了出租屋品质，然后看见下面另一个网友说的她的经历，更是让我笑岔了气。

那位网友有一个表姐，在上海一个大学里读博士，就是那种

相貌中上，全款买了车、房，学历拔尖的姑娘，却一直苦于自己没有男朋友，说没有人看得上她。她说怎么可能，然后去了才知道，那姑娘的家里，淘宝买来的快递盒子都懒得下楼扔，堆了一地，餐桌上各种吃饭的油迹，网友去楼下买了清洁球擦了一个下午才擦干净，洗手池边上堆着各式各样的指甲油和化妆品，买了一堆衣架却不肯买衣柜，嫌回来要自己扛上楼麻烦，旁边绑着的生锈的洗澡喷头已经断了。而在客厅里摆着的盆景，已经全部枯死了，却依然摆在家里。

于是我把这个答案发给六月，她看完，给我讲中午吃饭的时候遇见的同样的一件事：她们公司里有个外地来上海的姑娘，中午吃饭的时候找她诉苦，那姑娘在上海刻苦努力，工作能力很强，收入不低；后来朋友给介绍了个上海本地的男朋友，有车有房，男生的母亲见了这姑娘立马爱得死去活来，说车子房子都不用担心；这个男孩子，也在 IT 公司里工作，是个听话的好学生，30 多岁的人不会削苹果，不会洗衣服，在家不会做家务，也不懂任何浪漫，虽然看起来条件特别好，但是姑娘依然在纠结要不要嫁给他。

六月跟她的同事说："虽然不知道你要不要嫁给他，但是我知道你如果出嫁了，生活一定会很累。"

看来，遇见同样烦恼的人，真的还蛮多。

2.

很多人都对自己未来的另一半设定了一个框，比如，另一半要 985 或 211 高校毕业，要饱读诗书满腹才华，抑或只要一个平平稳稳过日子的公务员。

可是条件归条件，真的两个人相处的最重要一点，就是能够有共同话题。想想两个人要生活一辈子，总不能每天都是两个人哑口无言地躺在金山上晒太阳，这种结合以后不离婚也难，毕竟一旦相处起来，情商这种事情重要性大于智商。一群哥们儿坐在一起吃饭，你扔个包袱出来旁边得有人接住了，再给你扔回来才有意思，坐在一起你说什么他都只会傻笑的人，再有钱也只有可能是单身狗。

一个能在上海花接近 400 万买套房子的人为啥不能花个 20万再把自己的家装修得大气一点，把地扫干净了，桌子换上干净的桌布，把电脑放在一个干净利落的地方再拍照？脏乱房间的照片拍出来，大家就都知道你为啥没有女朋友。

就算你读到博士，你的身份一样是一个妻子，你学术知识再渊博，我们也不能整天在厨房里拿着烧杯、酒精灯做实验玩。

一个连苹果都不会削的男生，我很难有信心他以后娶了媳妇不会饿死。

宅男也分两种，性格内向不善言辞这些其实算不上核心问题，有些宅男宅在家里整天对着电脑看着动漫无所事事，有些人在家

别扯了，时间才不会改变一切

里读书画画练习书法做烘焙，同样待在家里，有人就是一脸猥琐的单身狗，有人就是单身贵族小男神。条件终究是骗人的，比条件更重要的，是你是否拥有控制这种财富的能力，以及将生活过得美好积极的态度，光羡慕别人是亿万富翁没有什么用，真有一天你美梦成真，也顶多是暴发户。

3.

一次跟哥们儿吃饭的时候听到一个段子，说有一个男生，在宿舍里打游戏的时候收到女神发来的短信。

"你在干吗？"

他万万没想到是女神发来的，激动地拿着手机端详了半天，然后很开心地小心翼翼回复："我在宿舍玩游戏，你呢？"

女神发了一个甜甜的笑脸："O(∩ _ ∩)O哈哈～，刚和舍友逛街回来，听说你今天生日，我好无聊啊，最近孤独感爆棚了。晚上有啥活动没有？"

男生很兴奋地回了一条短信说："你这种孤独我知道啊，我最近在学心理学，你们这些女生，就是平日里太空虚了，时间都花在一些无聊的事情上了，整天窝在宿舍看韩剧有什么意思？有那个时间多去楼下跑几圈，多流汗就不孤独了，还有平时多跟小伙伴在一起，你长得蛮漂亮的，但听说你挺孤僻，还好我这人比较开朗，以后可以多和我接触。"

据说女神不仅再也没有回他，而且一直到毕业都没有理他。

你说这种单身狗是不是活该。

这样的段子看起来可笑，但在现实中很多。一次跟公司的同事出去吃饭，我们叫了一辆 Uber，车程很长，老板让大家讲讲有趣的事，一个男孩子首先出来说起他的真实故事，前两天他跟女朋友一起去田子坊，女朋友看上一件文化衫，跟老板还价，老板说 60，女朋友说 40，老板说最少 50，女朋友就说："我今天跟男朋友出来逛街，身上就带了 40，你卖给我就得了。"那男孩站在旁边发呆走神，没听见她俩说什么，过去拍了女朋友一下，一脸英雄救美的豪气："你别担心啊，你钱没带够我这里还有。"然后女朋友放下衣服就走了，一路都没理他。

网上有个很热门的《然后就没有然后了》帖子，讲的就是无数男生女生在暧昧期错过彼此暗示的故事。而在生活和职场上，高情商也是让你得心应手的不二法门。

去年年末的一天，我生病在家休养，许多年前一起租房子的小江知道消息，从外地来上海看我，两个人很长时间没见，聊得正欢，眼看到了中午吃饭时间，我们两个人就一起在楼下的一个饭馆里吃小笼包。

进了饭馆到收银台的时候我才发现自己忘记带钱，钱包里只有一张银行卡，那家店又不支持手机支付和刷卡，于是我转身问小江："你身上有钱吗?"

他掏出钱包来，说："我有。"

于是我放心地转身对着老板说："老板，我要两笼蟹粉小笼，一碗小馄饨。"然后我转过身问小江："你要什么呢？"

小江用眼睛瞄了一眼菜单说："我也要一碗小馄饨。"

我问他："你要不要吃包子？这是家老字号，他家包子很不错。"

小江摆摆手说："哥，我不吃。"

我一脸惊讶地问："现在怎么吃这么少？"

"我最近在减肥。"

"你就装吧啊，你又不胖。"

两个人在饭馆里找了个干净的空位子坐下。过了一会儿，小笼包被服务员端上桌，我俩边吃边聊，我心里却越想越不对劲，想了半天才反应过来，小江并没有带够钱，而我在前边点菜的时候，点了很多东西，他并没有制止我，只是计算着自己的钱够不够，所以轮到他的时候，他只要了一碗小馄饨。但他在吃饭的全程中都没有让我察觉到他的小心思。

所谓情商，就是站在别人立场为他着想的能力。

那天我叫了几个小江原先的朋友吃饭，晚上的时候他很高兴地在楼下买了很多酒和饮料，人还没来齐的时候，小江一本正经地问我："哥，跟你打听个事。健哥是不是跟他女朋友分手了？"

我一脸疑惑地说："没有啊。"

"哦，听说他和他女朋友处得很不好，我以为他们分手了。"

"没，他女朋友跟婆婆闹别扭，两人是相处得不好，不过还没到分手的地步啊。你问这个做什么？"

"不做什么，问清楚，免得一会儿聊起什么话题难堪，他俩要是分手了，咱们饭桌上就不提这个事儿了，免得给他添堵。"

我想起了中午的事情，愈发觉得惊喜："小江，我发现你这次回来，好像为人处事方面改变了很多哦。"

他呵呵地笑："我们做服务业，可能就剩下这么一个优点了吧。以前总觉得工资低嘛，也不用考虑过多，现在才知道以前的不礼貌导致很多客人离开了，有一次因为这个丢了一个大单，本来那个月可以赚一万多块钱的。后来就开始学着站在别人的立场想问题，其实也是被这个行业逼的。"

"挺好的啊，至少你比以前成熟稳重多了。"

4.

同事买了一件新衣服，乐滋滋地跑来跟你炫耀，情商高的人往往顺口问一句这衣服多少钱，然后大夸你有眼光，颜色选得好，衣服也漂亮，价格也合适。情商低的那个则可能说我昨天在楼下超市打折看见这个衣服了，你被人骗啦，买贵了，而且还不好看，跟你体型一点都不搭之类的，说完了还一吐舌头说："你别生气啊，我这人你是知道的，没有什么坏心眼，就是性子直了点。"

很多时候，我们都习惯把自己在工作中对别人的看法表达得很直接，当作是自己性子直爽，但其实你站在别人的立场上看，你就明白你的言谈举止确实是伤害别人的。**所谓涵养，就是在遇见问题时学会控制自己的情绪，站在别人的立场多想 5 秒钟，说出来的话，办出来的事情，可能就比别人漂亮很多。**

吵架的时候先认错的那个人并不一定是真的错了。分手时候尽量保持平静与克制，尽量去祝福对方；如果做不到，学着平静地离开与接受，不要做敌人，毕竟是相爱过的人。职场上同样一件事情达到同一个目的，让某些人做就会所有人都很开心，而另一些人来做则会让很多人都不满意。这些，都是一个人情商的体现。

所谓人见人爱，并不是去做老好人取悦每一个人，而是尽量顾及大多数人的感受，把一件事情办得舒服，从而获得更多的朋友，在生活中变成一个更受欢迎的人。

第二章
生命闪亮，何苦迷茫

　　无论你正处于怎样的低谷，面临怎样的困境，都希望你知道，生命本来就有无数种选择，路很长，不要迷茫，不要困惑，属于你的远方，依然鸟语花香。

如果读书并不能多赚钱，那我们读书的意义是什么

1.

有一段时间我有一个习惯，就是吃过午饭回到办公室后，冲一杯咖啡，挂上耳机，打开小丁的 Instagram（一款跨平台——iOS、Android、Windows Phone 的图片社交应用），看他怎么把一个个熟悉的场景，通过他那台单反相机和 Photoshop 给我惊喜。那感觉就是你在公司年会上看见一袭长裙浅笑如糖的同事，会惊讶她是自己从未注意过的，身边的那个每天忙得灰头土脸的女汉子。

小丁是我为数不多由衷钦佩的有才华的男生，除了把相机玩得得心应手，他还有一双善于发现美的眼睛，经过他的拍摄和 Photoshop 修改，一个平常得不能再平常的小物件也能瞬间文艺范十足。

北漂了数年之后，小丁离开了北京，在河北的一家高档影楼里做修图师。经过北漂几年的锻造，他在摄影方面的才华已经展露无遗，据说收入比起很多科班出身的人来也绝对不低，而且摄影这项工作，周末可以接一些私活，赚钱都是小事，关键他周围美女如云，十分惬意自在。

可是，如果你抽出时间跟他聊聊天，还是会觉得有那么一点说不出哪里不对的感觉。

按道理说，工作几年，纵然他学历不高，但他与那些接受过正经大学教育的人差异已经不大，可是，你还是能从他与人交流的谨慎当中，感受到一丝情绪，这种情绪，可以被理解为低调，也可以理解为自卑。但这种情绪，越是在关键的时刻和场合，越是容易体现出来。

开始观察和思考这个问题，是因为我的另一个朋友华子，他与我差不多大，早些年受了很多苦，现在自己创业，如今他的收入在上海也已经让很多人羡慕。那天我约他出来吃饭，结果他推辞了说有事，我再三追问，他才有些不好意思地告诉我，他报了成人高考的本科段学习，过不了几天就期末考试，所有非必要的活动要等到考试结束了再说。

我惊讶地问："创业你已经忙得要死，再说貌似你现在也赚得不少，居然还抽出时间来补个文凭，你自己已经是老板，要个文凭出来干吗用呢？"

他笑着说："还是有用。一直觉得自己在文凭这块缺乏自信，无论如何也该拿个本科学历，否则总是觉得人生有什么遗憾似的。"

教育这个事情特别奇妙，每年教育流水线上下来几百万大学生，上过大学的人也并不觉得自己有什么了不起，但是没上过大学的人，很多都会因为学历的问题自卑。他们往往特别尊重那些"读过书"的人。

与世界上很多国家的教育模式不同，绝大多数中国人的学习都是在上学期间完成的，工作之后除非必要的考核和考试，很多人都不再思考如何从工作中得到提升，从而错失了文凭获取的某个时机，而这就导致很多低学历的人产生"没文化，真可怕"的自卑感，并受此困扰一生。

而更加奇怪的一个现象是，纵然当今社会的浮躁气氛里充斥着"读书无用论"这种论调，但你不得不承认，两个穿着、长相一致的人同时站在你面前，基本上聊几句后，你就能感觉出这个人是否上过大学。

这种差别，是文化氛围下塑造出的特殊气质。

2.

2015 年，因为一个偶然的机会，我认识了一位哈佛商学院的高颜值、高智商的美女，她笑起来永远酒窝四溢，这种明明可以靠脸吃饭的人，偏偏要靠才华，每天打理创业公司里各种焦头烂额的事情已经让人忙不过来，她却还在抽出时间练习瑜伽，学习油画、跳舞。

而她的这家创业公司里，有 80% 的人来自上海著名高校，50% 有硕士以上学历。随后的日子里，我开始观察团队里的人，并且开始思考，这些名校毕业的人与普通高校毕业的人到底有哪些差别。而很快我就发现了其中的端倪。

俗话说物以类聚，人以群分，那些读过优秀大学受过文化熏陶的，并不一定是收入最高的群体，但他们和普通大学的人相比，大多有以下特征。

充满自信

与普通学校的学生相比，名校的学生面对生活中的挑战，显得更自信。我之前的公司，大家处理很多工作难题的时候，时常听到"这个我可能不行吧""这件事情看起来没有那么简单"这样的话。而那些受过优良教育的人，他们在遇见一件事情的时候，更容易说"这事儿我有办法"，或者"我认识某个朋友是这个圈子的专家，他应该能搞定"。

这是他们从小到大的优秀成绩赋予他们的自信，而当一个人不自信的时候，他做一件事情的结果，肯定是与自信的人所做的成果有极为明显的差别。而在这样一个团队中，这种自信会带给所有人工作的热情，影响更多人的工作态度，这就是优秀团队必然拥有的基因。

积极乐观

当一群优秀的人在一起的时候，这群受过优良教育的人，大多保持着积极而向上的工作和生活态度。相比非名校毕业的同事，他们每个人都很乐观，一个整天沉浸在嘻嘻哈哈中的团队，更容易让人在一个轻松的环境下完成工作，也更善于沟通与交流，且对工作中出现的问题，他们更乐于花费时间去解决。

聪明勤奋

能够在千军万马过独木桥的考试中取得优异成绩的人，大多都很聪明，所以，当一个问题出现的时候，他们的思考是框架式结构，他们更会综合所有的方法，然后权衡利弊。这样综合分析的能力，能够帮助他们将一件事情做得更好。

相比来说，很多一般学校的孩子，思维是线性的，当想到一个方法的时候，他们会去尝试，尝试失败之后再用第二种方法。最重要的是，那些本来比你优秀的人，还都特别喜欢提升自己。于是，很多时候，那些优秀的人与普通的人，差距会越拉越大。

3.

当今社会，对读书都有一个较为深刻的误解，他们认为，上大学是为了找工作。无数读书无用论的核心观点都是，一所大学读下来要 10 万块钱甚至更多，而大学毕业生出来可能只能拿几千块钱的工资。

而且在如今这个世界，互联网如此发达，各种慕课（一种在线课程开发模式）和互联网公开课都免费，一个人足不出户就能够得到世界著名老师的教授；专业的培训课程在互联网上也随时可听，这些都能够迅速提升一个人的专业水平，且相比大学的课程，这些课程学习时间更灵活，专业也更贴近职场实战，费用则大多比大学便宜得多。

事实上，获取知识已经不是读书的第一目的。

系统的大学教育，能够培养一个人面对生活的正确态度，让人更了解自己，更了解社会，更舒服地将自己融入社会，提升自己的社会价值和个人素质，让自己逐步变得充实。

这种内心的丰富，是金钱无法给我们的。

当今社会，学习早已经成为一个长期的事情，知识的迭代速度前所未有得快，没有一个人能够仅通过大学就获得完备的知识，我们的一生都需要学习与进步，而良好的文凭能让我们的思维更健全。

无数人上大学就是为了拿个好文凭，找个好工作。他们期望这个工作收入高、稳定，最好日子还能够清闲。所以当他们发现这个想法不切实际的时候，他们就跳出来说读书无用。

他们之所以失望，是因为这样的工作确实没有。他们也早该失望，因为这样的工作，世界上任何一个国家都不会有。

中国很多家庭，买几万块钱一平方米的房子，吃几千块钱一个人的自助，家里有最高档的外国家电，出国旅游买动辄几千几万块钱的化妆品。可是，在这个知识爆炸的时代，很多人的家里竟然没有一个书柜，甚至家里连一本印刷品都找不到。这样蔑视知识的人，却指望通过短短的四年大学来改变自己，怎么可能发生。

有很多人说，我现在虽然不看书了，但是我上网，我每天都在学习朋友圈里转发的文章，这是学习形式的改变。

朋友圈最大的危害，就是它让我们有一种"我在学习知识，我在努力跟上时代"的错觉。刷朋友圈和公众号能让我们更全面地看待和理解我们关心的问题，但这种碎片化的阅读，并不系统，内容也过于繁杂，没有经过认真整理，真假难辨，也没有经过编辑审核，事实上，除了更快速、更便捷的特点之外，它对知识的传播并不到位。

而当我们通过不断的读书学习与努力，变成了更充实、更优秀的自己时，我们就会明白，学习的真正意义，并不是为了赚钱，而是为了提升自己。

所以，是时候放下手机，去家门口附近的书店转转了，那种睡觉前躺在床前阅读的宁静感与幸福感，会让你更容易感受到生活的美好，变成一个更完美的自己。

别扯了，时间才不会改变一切

时刻做好准备，你并不知道机会什么时候来

1.

某天，接到一个网友的电话，他说："王远成，你还记得我吗？前几天我们在微博上联系过，我要了你的电话。"

我隐隐约约地记得这件事，我说："请问你有什么事？"

那人在电话那头说："是这样的，我现在在做一个互联网移动平台，在知乎上看到你对互联网的分析，想听听你的看法。你看这样行吗，我明天晚上约你一起吃个饭？"

我想了想，第二天下午应该没有什么事情，于是同意了。平日里互联网圈子类似的小聚会蛮多，有时候也会有朋友单独约我出来坐坐，我也没有太当回事，就一口答应了。

第二天中午，我跟一个朋友在张江那边逛街，忘记了时间，问及朋友几点的时候，他说已经是晚上六点，我突然想起六点约了那个朋友一起吃饭，于是拦了一辆出租车，往外滩那边赶。

由于那天晚上堵车，赶到外滩的时候已经接近七点了，我按照那人发我的地址赶到酒店，站在酒店下面我立马傻了。

那是外滩边上的一家极其豪华的酒店，我站在门口，反复确认了地址，有点疑惑又不敢确定，当确定就是这家的时候，我打

开大众点评，看见那上面的人均消费瞬间吓尿，那家日本料理人均居然要 2000 多元。

坦白说，除了结婚宴请，我确实没有在那么高档的酒店里就餐过。我打电话给那位网友，确认确实是那家餐厅的时候，我的第一感觉是，这会不会是诈骗啊？

我走过去，跟服务生询问着，并报给了服务生联系方式，然后服务生非常客气地帮我打开门，领着我进去，我走在软软的地毯上，假装淡定地上了楼，然后服务生客气地拉开了包厢的门，我看见一个岁数跟我爸爸差不多大的人坐在里面，很客气地对着我微笑。

这明显不是互联网圈子的人，我赶紧迎进去，很客气地和那人打了招呼，老人笑嘻嘻地递给我一张名片，我这才知道，这人是国内一位很著名的肿瘤权威，中国一所著名大学的博士生导师，想要做关于肿瘤大数据方面的内容，看了我的知乎答案很有兴趣，所以想听听我的看法。

我坐在那里，瞬间如坐针毡。

你们能想象吗？我一向认为自己是还算严谨的人，平时各类聚会、沙龙参加得也蛮多的，偏偏，犯了一个特别大的社交错误。

一个医药行业的泰斗级别的前辈约我吃饭，我竟然毫无礼貌地迟到一个多小时。

我竟然还穿着一身运动服，背着一个黑色的电脑包，一身张江男装扮，懵懂地来赴宴。

我参加的宴会竟然是这种极高级别的，说明对方对这场宴会非常重视，而我几乎毫无准备，也毫无诚意。

整个宴席我都在有些拘谨地道歉，好在平日里涉猎还算广，专业知识也差强人意，老先生问我的一些问题，我尽可能地给了他很多干货。而他对互联网方面不清楚的地方，我也详细地做了解释，那顿饭吃到好晚，我们一起聊了很多关于移动医疗方面的问题。

那天开始我懂了一个道理，关于自己的工作和生活，很多时候一定要时刻都做好准备，因为你并不知道机会在什么时候来，而它要来的时刻，你并不一定在工作的状态，也许你在喝下午茶，在旅行的飞机和汽车上，而你只有确保自己拥有足够娴熟的专业知识，对于行业的环境和典故烂熟于心，对自己不擅长的领域也有一些涉猎，才能在生活中随时转移到某些状态，对这类的机会运筹帷幄。

2.

有一个笑话说女神之所以是女神，是因为她就算只是中午去食堂打饭也要洗头换衣服，那些看起来化着淡妆浅笑嫣然的女神，她们也并不知道自己的男神会不会就在食堂吃饭的时候出现，机会来的时候，才不会管是不是上班时间、吃饭，甚至是中午睡觉的时候，而你如果抓住了，给对方留下了比较好的印象进而认识了某个人，也许这一生的很多命运就会改变。

跟无数的张江男一样，曾经的我同样奉行男生应该把时间花在提升自己的内在上——多读书，多交际，不必太在意外貌和穿着。毕竟作为一个男人，腹有诗书气自华嘛，在任何时候，你开口说话能够语惊四座娓娓道来，大家都会对你有好的印象。

直到后来看到一个段子，说为什么京东商城的刘强东和奶茶妹妹干个什么事情都上头条，因为这样做其实是有好处的，对消费者来说，是在潜移默化地宣传京东商城，对于投资人来说，一个 CEO 身后有一个幸福美满的家庭说明这个 CEO 有更为强大的能力。细想一下真的觉得很有道理。

在人与人的社交过程中，除非你是个拥有特别名气和名望的人，大家一提到你就有足够多的话题，或者每次聊天都能给大家很多干货，否则，绝大多数人的第一印象，来自于你的精神面貌和衣着打扮。事实上，大家都处在差不多的水平线上，你能保证你在自己的专业方面都高过同事吗？当然不是，所以，在每天出发前，记得对着镜子梳理好自己，跟自己打招呼。

我并不赞成说每个人要把大量的时间花费在衣着打扮上，也不是说一个人要穿得多高档，用限量的奢侈品来提高生活品位。毕竟刚毕业的学生，要花钱的地方很多，大家聚在一起的主要任务是工作，但是，一个剃了胡子，洗干净头发，剪了鼻毛和指甲，保持口气清新的男人，在工作中会更有自信，更能营造和谐的沟通氛围，而这种自信，带给你的工作结果也会完全不一样，同事会愿意给你一个很好的加分。即便是在讲究个性和空间的互联网公司，也没有一个人愿意跟一个打扮邋遢、穿着脏乱的人共事，你当然不必穿得紧跟时尚潮流，与模特一样，但保证衣服的干净朴素和举止言谈的得体，确保工作态度的积极上进，加上一个灿烂大方的笑容，是能够为初入职场的你加分不少的。要知道，你的主管可能就是一个外貌协会资深会员。

3.

几天前在一个公众号上面看到一篇帖子，说拿高年薪的都是一些什么人，里面讲到了专业和多元化发展的问题。其实在上海，能在一家中等规模的公司将你的才能在自己的工作领域发挥到极致，就可以拿到不错的薪水，但大多数人，想再把薪水提升到一个和大家完全拉开距离的位置，则变得非常不容易。在公司里拿到这样薪水的人，或者是靠期权，或者在某一个领域有一技之长，或者在圈内有很多人无法拥有的人脉和关系，其他的，除了绝佳的工作能力外，还有绝佳的外表和气质，而这些，构成了其独特的职场竞争力。

当然，我们培养一项兴趣，从来都不是为了高薪，而是为了不要失去生活情趣。一直很羡慕花许多年去培养自己一项爱好的人，他们通过自己的爱好去观察和理解生活，这些人的日子通常过得都不会太差，我其他的做得不多，坚持比较久的爱好，除了每天对着的电脑外，写作应该算是一个，在我的文章出现在朋友圈之前，大约有十年的时间，我坚持写博客，即使没有人看也会坚持。我并不在乎有多少人看，只要周围有朋友觉得有意思，就好了。

我老妈有一个爱好是收集酒瓶，我家里有好几柜子各种各样的酒瓶，刚开始收藏酒瓶的时候，我也觉得挺不好意思的，比如过年到别人家做客，大家喝完了酒，还跟别人要酒瓶子。有几次我甚至还阻止老妈，觉得这不太像客人该做的事情，后来因为看她做得很开心，我便不再管，毕竟她这个年纪，有这样一项蛮高雅的收藏爱好也算是好事。后来，她从北方到南方旅游，到一个地方就去各地的酒店和烟酒行，为了能把酒瓶带回家，她提前几个小时就到达机场，在飞机场跟保安反复解释，还拿出收藏协会的会员证，把很重很重的酒瓶带回家。再到后来，家里有越来越多的酒瓶，我也慢慢地喜欢上了收藏，原来酒瓶里暗藏着这么多文化。自从有了收藏的爱好之后，我明显感觉母亲性格也变得平和了许多。

我的一个朋友坚持收藏餐巾纸坚持了十多年，大家起初也许并不觉得多厉害，可是她自己一直乐在其中，后来在去她家里见她展示出来的时候，发现原来餐巾纸的包装也可以有如此多的品种。一项爱好的培养，对于工作来说，也是一种补充和休息，对于人本身来说，也是一种文化层次的提升，会促使你对生活和工作充满进一步的热爱。

坚持是一件了不起的事情，所以，希望你也能在城市的繁忙和孤寂无聊之中，寻找出一个小小的爱好，比如数十年如一日地利用课余的时间来健身，坚持夜跑，坚持读英语报纸，坚持收藏邮票。值得一提的是，任何一件看起来非常普通的事情，如果你能坚持十几年如一日地做，你一定都会有所收获，在某个瞬间爆发出来，然后闪闪发光。

放下你的担心，先勇敢地迈出第一步

1.

老爸有个习惯，跟朋友们聊到股票涨跌的时候，总是说得头头是道："这个事情很简单，在低点买入，然后放个几年，我就不再去管它了，涨上去了我再卖掉。"他讲这句话的时候，旁边的人都在听，似乎很有道理，他呵呵地笑，像个经验丰富的老股民。

每到这时，我总是会笑着跟他打趣："老爸，看你说得这么头头是道，为什么你自己不买点试试看？"他就不再作声，其实他也知道，纸上谈兵谁都会，关键是实战的时候，你得有做出选择的勇气。

真正炒过股票的人都知道，市场的时机，其实并不是那么容易抓住的。炒股与赌博都是一个道理，赢了钱的人想赢得更多，输了钱的人想翻本，市场变化很快，也许一个月的成绩在两天之内就会全部消失，股市风云变化，哪有那么简单就能赢到钱的道理。

2.

2010 年的一个周末，我在一家考研培训机构给一个当英语老师的朋友帮忙，那是学期的第一堂公开课，很多准备考研的学生和学生家长前来试听，因为参加的人比较多，他打电话给我，让我过去帮他打打下手。我过去的时候是大清早，但整个场地黑压压的一片都是考研的学生，我那个朋友站在讲台上口若悬河："其实你们已经离成功非常近了，因为考研录取的比例大约是3∶1，可是这些年我见过太多太多的学生，考研复习觉得辛苦，所以到考研报名的时候很多人就压根没去。然后还有很多人，考研的前一天就怂了，觉得自己肯定考不上，临考试的时候缺考，所以又被刷掉一批，再然后去考了的，还有一大堆太紧张发挥失常的，最后真正去参加考试的，其实录取比例变成了2∶1，所以，你们现在转过头，看看你们的前后左右桌，只要你们在这里坚持到最后，打败了你旁边的那个同学，那么，考研你就赢了。"

下午下了课之后我陪我那哥们儿吃饭，我问他："你说的这个是真的么？真有你说的那么好考么？真那样你也给我报个名。"

他摆了摆手："说简单要看跟谁比，跟前几年比考研究生是简单了些，但除了少数很渣的那种学校，真正考上名校研究生的人都是要掉一层皮的。"

"那你说得天花乱坠的骗他们。就你刚才的那一段鸡汤，你这口才当老师太屈才了，不如直接去搞传销，辛苦一年就可以在上海买车买房。"

那老师白了我一眼说："考研究生其实心态很重要的，愿意考研究生的多少都是不那么讨厌学习的，都希望通过学历改变自己，但现在的孩子，又不愿意吃苦，你既要让他们觉得门槛不那么太高，努力努力就能看到希望，又要给他们压力，这样他们才会每天复习，每天背单词，这样才有助于他们学习，他们报名的时候心态比较忐忑，你要给他们信心，这课才讲得下去。毕竟大家都害怕竞争对手。"

我低下头继续吃鸡公煲，摇着头说："你们这群骗子，这年头也不好干。"

"你懂个屁，我们当老师比你们干互联网的良心多了。这是在给学生灌输信心。学生在报名考研班的时候，心态都是纠结的，有信心，肯迈出第一步，就成功一半了。"

3.

生活中经常遇见这样的毕业生，动辄毕业后半年、一年，甚至两年都待在家里，说自己上的学校不好，说自己专业不对口，找不上好工作，要么就是几天都没有人打电话过来面试，要么是即使面试了自己也没有什么工作经验。总之如果你让他说没有工作的原因，他总是能找出一千个千奇百怪的理由，而他对所有的吃喝玩乐都非常上心，要么窝在家里打电脑游戏，要么拿着平板电脑追美剧，而一旦提到找工作，就蔫了。

就我自己的经验来说，找工作这个事情，千万不要让自己闲下来。一旦一个人在家超过 2 个月，就有可能习惯家里没有工作的生活，而那样，你的父母就要在你毕业后承担养你的压力。你也变成一个长期在家里啃老的人。就我对这一类人的观察，超过半年依然没有找工作的人，很多很多，或者说他们压根就没有认真找，他们每天的时间，大部分花在简单地投投简历，然后打开冰箱吃个水果，待在家里看电视剧，或者玩游戏上，浑浑噩噩的，一天就这样过去了。

其实完全可以利用这段时间优化自己，去微博和公众号上搜索一下，看看那些职场大神和 HR 专家们教给你的专业简历的注意事项，考虑自己的优势和劣势，重新把自己的简历排版，组织语言，用简明的语言列出自己的优势，如果有相关的作品，一定记得附在简历的后面。

一份简历，要保证看到的人在 3 秒内被吸引，15 秒内被关注，并且可以阅读超过 60 秒，就基本上成功了一半。简历检查完，要积极利用这段空闲的时间，学一些自己专业的职场常识，提升自己的专业能力。

没有毕业的学生总是觉得职场像战场一样，这样想当然没有错，职场上存在着各式各样的竞争，相比学校里的考试，更残酷竞争也更激烈，但如果你是训练精良的士兵，职场也就没有你想得那么可怕。大家都是为了公司里共同的大目标做事情，你要勇敢地迈出第一步，放弃那些臆想，哪怕你真的一无所长，但能够赖在公司也好过让父母来承担养你的压力，只要勤奋努力，经过一段时间的锻炼，每个人都可以在职场上发挥自己的能力，你也会一步步跟上大家的脚步，跟朋友一起做点事情，无论干吗也比颓废地窝在家里强。

而很多事情的发展，往往比你想的要好得多，那些你多出来的担心，很多时候，都是在自己吓自己。

4.

我有一个表姐，从小就不锻炼，却喜欢吃东西，一直不肯运动，有一年开春的时候感冒很严重，被家人强拽着报了一个跆拳道班，本着强身健体的目的去练跆拳道，她松松散散地跟着练习了几节课，刚好就赶上市里有一个跆拳道比赛，她个子比较高，被教练强制着报名，就上去瞎糊弄地踢，然后不知不觉，就真的闯到了复赛。

复赛那天中午，家人陪她吃饭，她特别紧张，说自己是个业余的，压根没想过自己能进这种比赛，这下市里那么多高手，下午的比赛自己肯定要挂。我们一大家子人给她打气，说反正也是这么个样子了，下午去随便玩呗，实在害怕就上去装腔作势地踢两下子。吃完饭，她还是很犹豫，我们也变得有点担心，就说要不你就去跟教练说弃权吧，她嗫嚅着说："那好吧。"

于是我们一家人陪她到了比赛场馆，教练一见她就跟她说："你运气真好，已经进冠军争夺赛了。"我们都一头雾水地问原因。

教练笑着说："那个和你抽一个小组的女孩子早上看见你了，

觉得你个子太高了，跟你打肯定吃亏，所以中午打电话过来决定弃权了，所以比赛人数只剩3个，你最差也是个第三名。"

表姐默不作声，再也没有提自己想弃权的事情，而是勇敢地上去了，最后剩下的三个人，除了表姐之外都是高手，所以那场比赛，表姐被数次判罚"背逃"犯规，最后两场全输了。但是她还是拿到了一个第三名。

5.

勇敢地迈出第一步，在情感中同样适用，无数的爱情，都死于当事人的不自信。

其实遇见了让人心动的姑娘，很多男生都会紧张自卑，这种心态很正常，很多人始终不肯迈出第一步，选择默默地守在身边，在"女神"面前唯唯诺诺没有自信，而女生则碍于情面，看在眼里默不作声，往往错过一个又一个的机会。陪伴是最长情的告白不假，可是谁也不愿意将自己的幸福拱手让人。所以我们看见的暗恋故事，虽然都很让人感动，但结果都算不上好。其实，这种陪伴看起来美好，但很多时候没有实际意义。所谓爱情，最终需要的是一种参与。

如今我倒是羡慕某些感情里的二愣子，趁早挑明，行就行不行拉倒，抱着早死早托生的心态，虽然在爱情里，很多时候表白都是白费功夫，但好歹被拒绝了，回到屋子里喝杯酒捂着被子睡一觉，第二天死了心就有更多的空间与时间，去发现生活中更多的美好，做更多有意义的事情。把自己的大好青春浪费在毫无意义的情绪里，着实是不值得的。

谈恋爱就像打猎，你在台下练得再好，连狩猎场都没进，站在外边说我进去如何如何，姑娘压根就没有瞧见你的话，其实你就算把谈恋爱写出十万字来也没有什么太大的用处。真正有本事的，早就开始围剿了。

成功的人都是有魄力的人，他们有更多的资源，是因为他们有更大的风险承受能力。做大事的人从来不纠结，做了选择，就承担后果，并且坚持到底，才有可能收获成功。最可怕的并不是失败，而是没有勇气去尝试本来有可能改变的事情，机会从来是不等人的，遇见了就去努力争取。

毕竟更多时候，自信的人，更容易交到好运气。

初出茅庐，不要过早扬帆

1.

在新疆的那一年，我特别想开一家淘宝店，那时候我家门口是全新疆最大的果品批发市场，这对我来说当然是一个特别大的优势，于是我在网上注册了店铺，在附近的批发市场进了一些红枣，还印刷了很多零食包装袋，甚至还兴致勃勃地申请了400电话。

但是因为很多原因，这个淘宝店没有开起来。

因为思前想后，虽然我能拿到全国最优质的货源，但是现在这个时代，开一个淘宝店早已经不是单兵作战就能成功的了，我还是放弃了开淘宝店的想法。

那一年我周围有几个朋友都去开了淘宝店，有的是生完孩子在家里休产假闲得无聊，有的是确实想发展于是投个几万块钱试试看的，甚至我妈妈的一个朋友也投了很多钱在天猫上开了一家品牌旗舰店，多年之后，除了那家投入巨大的品牌旗舰店还活着，其他的店铺都死了。

如今的淘宝店早已经不如之前好做，大部分的店，要么有独特的资源，要么产品独特，再或者有特别的流量支撑，否则根本活不下去。而那些吵着要做淘宝店的人，很多都不是这个行业的人。

有时候我们无知者无畏地进入一个行业，是因为我们并不知道，一些表面风光的行业背后，有多么残酷的现实。

2.

近两年，互联网大热，整个风投资本都往互联网行业里砸钱，社会也因为 APP 及 O2O 的急速发展，造就了一大批大学生创业者，锦上添花的是，国家也出台文件，一面督促运营商加大互联网基础建设，降低互联网资费，一面不断鼓励大学生创业。在上海，漕河泾为中小企业开了专门的创业园；在北京中关村，各类创业咖啡厅应声而起；而在很多二三线城市，政府为了发展移动应用和高科技项目，将大楼免费给创业者用，很多大学直接建造了创业园。

这样看来，互联网行业真的是已经发展到了桃花朵朵开的时候了。

果不其然，每次参加互联网大会，总看到一些年纪特别小，一脸稚气的人递过来的名片，噱头大得吓人，印着某某公司的CEO、创始人还算好的，还有各种很奇葩的称谓。见面问个好就问你要微信，满口的互联网思维和用户体验与创新，一说起来都是要颠覆整个行业，创造全新的模式，跟传销一样的给你洗脑，让你加入他的公司。一个个稚气未退的人拿着做得精美的开花似的 PPT，故事讲得清新脱俗引人入胜，每个都在打击行业痛点，每个都要颠覆性创新，外行人一看就觉得，我要是投资人，还不立即扔个几百万啊。

可是说实话，我还是想郑重地说：如果刚刚毕业，请在你真正地了解一家企业的构架之前，收起你的野心，不要鲁莽创业。

3.

张爱玲有句话：出名要趁早。

有一天美国出了个扎克伯格，大学还没读完就做出了Facebook，还娶了自己心爱的女人回家，成了人生赢家，传奇故事上了各种财经互联网杂志，于是中国的 90 后、95 后甚至 00 后们蠢蠢欲动，似乎大学毕业出来就能当上人生赢家了。

从国家的角度讲，这些年大力主张创新，是有原因的，一方面，中国整体的科技水平在世界上还不算太高，亟待产业重组改进，而这其中，科技创新是很重要的力量，而中国在互联网创新方面，有着所有国家望尘莫及的巨大市场。另一方面，在国家 GDP 涨幅连年下滑的时候，鼓励创业，O2O 的兴起等极大地提升了第三产业的发展速度，对于国家来说，不仅能缓解就业压力，消化很多待业人员，而且优化产业结构可以刺激经济点。怎么看都是一个一举多赢的活儿。

但是，大学生刚毕业，就幻想自己能够成功——出任 CEO、迎娶白富美、走上人生巅峰，也未免把这世界想得太简单了。莘莘学子毕业就让父母出几十万乃至上百万的钱来创业，这对大部分家庭来讲是很大的一笔开支，有些甚至是一个家庭的全部收入，这些钱，都是你父母通过劳动和努力辛苦得来的，每一分都是他们的血汗钱。可是实话实说，就我对互联网这么多年的理解，真放在互联网圈子里，这点钱就如同大海里的一瓢水，连声响都听不到。

而看起来美好的大学生毕业就创业背后，数据是极其残酷的。

据相关调查报告显示，近年来由大学生毕业直接创立的企业，其五年存活率不到 5%，而大学在校生直接创立的企业，其五年存活率不到 1%。每天，手机上都有大量的新 APP 产生，也有各种各样的创业公司倒闭。

我当然知道，很多创业者都有信心成为活下来的 1%，我也敬佩初生牛犊不怕虎的精神。可是如果你细致观察互联网行业，会发现真正成长起来的大企业的领导，大部分都是中年以上的人。他们经历了一家公司数次的崛起、风光、裁员，甚至差点倒闭的危险，他们学会冷静地处理公司里的各种事务，这些人经历了很多的事，看待一个问题也会更成熟，于是有各种各样的经验和想法。更重要的是，在一个行业待久了，会积累很多的人脉，这些人脉、关系，才是创业中最重要的，他们会在创业遇见问题的时候，互相扶持，资源也可以共用，而这些，在某些关键时刻，甚至比

别扯了，时间才不会改变一切

专业知识都重要。

也许你会告诉我，张朝阳创建搜狐的时候也是他大学毕业的时候，比尔·盖茨创办微软的时候也是毛头小子一个，可是那时候的互联网环境与现在是完全不一样的。搜狐创立的时候，中国的互联网市场几乎是一穷二白，而现如今的市场，任何一个细分化的 APP 都可以找到数百家甚至上千家的竞争产品。

偏偏，我看到的这些创业者中的很多年轻人，他们出过国，接受过良好的教育，家里经济条件非常好，绝大多数的人，比那个时候的我，比现在的我，都要强大得多。我更看到过让我眼前一亮的人，他们一定是这个行业少有的好苗子，但是，如果在没有强壮之前就让他们接受竞争，那么，这批最优秀的人，很有可能就是最早在暴风雨来的时候沉下去的一批。要知道，一个受过一次打击的人再站起来，其实很难，这意味着这个行业里很好的人，可能永远失去再爬起来的机会。

所以，如果你有创业的想法和打算，还是应该抱着虚心学习的态度，经历一下职场，经历一下打工，从一个真正从业者的角度去看你的行业，或许你会发现，这个行业，也许跟初出校园的你眼里的行业，根本就不一样。而经过一段时间的历练，你的想法、思维都会有新的提高。你能避免掉自己可能会犯的一些错误，你能明白一家成熟的企业是如何构架的，你会知道程序员可能会遇见什么问题，这种问题如何避免，会跟老板商量预算，从而知道节约成本对一家公司的重要性。

每个年轻人都是充满欲望的野心家，每个人都希望自己是不平凡的，渴望成功是好事，可是脚踏实地恐怕是毕业后最该做的。创业从来不是一件容易的事情，而且创业并不是看谁在这条道上跑得更快，而是比谁活得更加长久，创业也不是比谁在有钱的时候过得更好，而是比谁在一场暴风雨过后依然活着。

4.

而即便你放下了创业的念头，回到公司打工，也要牢记，你的能力高是一方面，是否取得成果又是另一方面。

当年我们团队曾邀请过一个女孩，那女孩来自一家特别著名的电商网站，公司花费了很高的代价把她请来，领导则提前一个星期就告诉我们会有这样一个人来，团队对这个人的到来充满了期待。她进入到团队之后，每天都面临很大的压力，而事实上，运营这种事情，要见到成果，既需要时间，又需要团队的合作，个人英雄主义在一个团队中是不现实的，也是不利于团队发展的。所以，她进入公司 20 多天之后就辞职回家了。

无论你是一名刚刚毕业的学生，还是已经进入职场多年的老将，都要牢记，过于高调不仅容易在职场引起他人的嫉妒，而且还会引发领导、同事对你抱有过大的希望。这对你今后的发展是非常不利的。

事实上，公司招人和谈恋爱一样，也讲究"门当户对"，在

别扯了，时间才不会改变一切

一个团队中，每个人都有自己的优势和劣势，也不存在鹤立鸡群的现象，比较容易发生的反而是"劣币驱逐良币"。一个团队，最后留下来的人，他们的力量看起来是有悬殊的，但事实上，大体是相当的；一家公司里，虽然每个人的层次不同，但大体水平是相当的。一个人的能力明显高于某个团队整体，或者低于某个团队整体，那么，他一定会是出局的那一个。

而进入一家公司，做事的正确态度应该是，高调做事。遇见事情后积极主动，拿出态度和激情，遇见团队或者部门间的扯皮，要以理服人，不卑不亢。犯了错误的事情要敢担当，并且拿出最大的力量挽回，如果处理结果让自己吃亏，下回就要学会忍字当头，毕竟自己有错在先。

相反，在团队做人一定要低调，记得给别人分蛋糕。发邮件承认错误的时候，自己一定在队友前边，而描述功劳的时候，队友一定在自己前边，这样做，在初期的时候看似吃一点亏，但长期发展来看，一定是有利于发展的。在个人表现上低调，大家往往会忽略你，这时候你有优秀的工作成绩，对于团队和上级，反而会是一种小惊喜，这种小惊喜的经常发生，会大大提高你在同事和领导心中的印象分。

职场是一个永不毕业的大学，通过职场的历练，一个人会变得更成熟，创业没有早晚，它只是一种人生选择，总有一天，你扬帆起航的时候，那些职场教给你的经验会让你更加的信心满满。

珍惜大学时光，因为有无数人正在羡慕你

这是一个听起来很 LOW，没有新意，但确实发自肺腑的金玉良言，只有身处职场的人才体会得到。

前几天上班，无意发现公司里的 UI 设计师在做设计的时候，听着英语背单词，我好奇地询问了几句，才知道他正在忙着学英语准备考研，在 IT 公司里一天到晚忙得焦头烂额却还有这个心智确实不容易。

我越来越发现，周围工作后又开始充电的人变多了，比如刚生了孩子辞职在家的全职妈妈，整天在群里询问是不是要借着这机会考个研究生，我说都结婚这么多年了考这玩意儿干吗，她说难得有机会提升自己。

一个人除去每天 8 小时的工作，以及 8 小时的休息，剩下大概 8 小时的时间，除去吃饭和休息，你把时间花在哪里，回报往往就在哪里。这几个小时，才是你比其他人厉害的真正原因，你可以培养一个爱好来修身养性，也可以继续攻读专业知识，不管用什么，都比荒废要好。

我曾经的一个体育迷的室友，那时候跟我合作，每天一边开着体育频道听新闻一边学习编程，遇见好的新闻就抬头看两眼，如今在一家小的创业公司做技术总监。同样是看电视，有人看《老友记》学英语，有人看肥皂剧打发时间。

一大批大学时候不肯多花点时间学习的人，却都愿意毕业后在工作的百忙中抽出时间来学习，所以很多时候，大学生不肯花时间学习往往是因为没有压力，如今越忙，时间越是挤得出来了。有多少职场人士悔不当初，大学是一个人几乎有最多的闲暇时光，也是最适合锻造自己的时候，完全有机会跑跑步锻炼一下自己，去图书馆看看书，却把大把的时间浪费在游戏上，总是觉得可惜。

玩电脑游戏这个事情，在毕业多年之后周围依然有朋友沉醉其中，而且这部分人的工资、职位也都不低，但他们大多能掌握一个度，周围很多公司总监朋友，周末在家里无聊的时候，晚上上床睡觉之前打两把，很能增加生活情趣。但像大学里无数人那样没日没夜的确实不值当，不仅玩物丧志还很容易伤了身体。

刚进学校的大学生往往觉得四年漫长，似乎毕业是件遥遥无期的事情，加上高考前学校高压式的管理，所以到了大学就像出了监狱的犯人一般，又从一个父母管钱的人变成一个完全自己打理生活的人，因此，他们的大学生涯大多都是玩乐。说真的，毕业后就无数次感叹，再找不到像那四年一样又清闲又宝贵的光阴，这段时间还真的转瞬即逝。

环境总是能影响人的，比如我在家乡就很容易赖床赖到 11 点，在上海大多都是7点半就起床了，而且真的没有任何人催我起床，这几年睡懒觉的时间不超过十天，都是过年赖在家里的时候。

话说回来，如果你每个周末都睡到很晚起床，而某个周末的早晨7点就起来的话，会发现人特别精神，空气也会变得清新，整个人一天的工作和生活状态，都与平时截然不同。

还是用这段时间来干点正经事吧，被窝和没日没夜的游戏确实是青春的坟墓。

试着在校园里变成半个职场人

如今获得知识的成本的确越来越低，互联网网校模式推广以来，我发现很多非常系统的课程都可以通过网络学习到，既有百度传课、腾讯课堂、网易云课堂这样的门户，也有针对专业用户的课程，价格相对外边的培训班要便宜得多，赶上网校打折，一些价值上千元的课程甚至可以限时免费或者99元搞定。这种课程一方面老师都非常优秀，远比培训班里兼职的老师水平高，另外一方面，这些课程学习时间非常灵活，上课不再需要花费大量的时间、精力，可以下载在手机上，下午放学回来的时候在地铁上看一段。充分地利用碎片时间，只要你愿意，你甚至可以选择半夜的时候学习，而且很多看似冷门的专业和教程，小城市的人也可以享受，相比万年不变的教材，很多网校的课程比大学里更有针对性，让你可以在短期内提升很多。这种课程甚至可以在宿舍或者和班上关系好的同学几个人合起来报名，参与的人越多花费得越少，一个宿舍的人一起学习，也更加有积极性。

如今的职场，无论你是哪个专业，去认真系统地学习一下微软 Office 软件和 Photoshop 软件都很有必要，这些课程，无论你今后处在哪个行业，都有可能用得到。而绝大多数的大学课程，甚至一些大学的职业计算机考试，都没有真正地在讲实战知识，只是在强调计算机的基本操作，那些简历上写着自己精通 Office 软件的人，太多都是自以为自己懂了，可是却没有真正地懂。从实战出发，学习如何提升自己的基本操作能力，对于很多文职人员来说，是非常重要的，一个人 Office 软件的水平基本可以是一个人职场工作水平的缩影。

所有对未来的恐惧和不自信，都是因为你没有做好充足的准备，如果你大学毕业的时候就对这个行业有很多见解，你充满信心地迎接挑战，那么，职场上你获得的结果，肯定不一样。

不以赚钱为目的地参加兼职

去年的时候因为帮公司的兄弟部门做地推，我组织了两次学生兼职，但是活动那天，报名的学生中有一个没有来，反而来了一个年近 30 岁的朋友，他在他的职位上已经做到高级经理的级别，周末的时候看见我发微博招人，于是来给我帮忙。我们俩聊天的时候他跟我说，其实兼职一方面可以认识更多的人，一方面可以防止自己进入一种工作的倦怠状态，跟大学生交流也往往更有朝气。

大学时候，我的父母很疼爱我，为了让我更好地学习，不让我出去兼职，同时我也担心太累，所以除了正经的毕业实习之外，到大学毕业我都没有参加过兼职。坦白说，这件事情，我还是蛮后悔的。

大学期间多去参加兼职，与社会上的人交往，可以助你早日摆脱学生思维，以成人的思维思考问题，而且能够早日体会社会上的巨大压力。就我看来，兼职是赚不上钱的，很多大学生以赚钱为目的去做兼职，这是一件性价比很低的事情，但是如果你抛开了赚钱这个因素，那么它能给你的东西就很多。放弃那种所谓的发传单类的兼职，周末如果无聊，去参加展会的服务类兼职，或者一些公司组织的推广活动，甚至一些跟自己职业相关的发布会，一方面可以提升自己在专业知识方面的能力，另外一方面，你可以了解这个行业前沿的一些动态和消息，甚至认识这个行业里走在前沿的人，这对一个人的职业发展有极高的帮助。这就是实战，是你把理论结合成实践的最好机会。说不定，这些人就能够在你毕业的时候给你提供实习岗位，或者你可能因此进入一家本来想进却进不去的公司。

告别拖延症　做事有目标

拖延症是所有学生乃至进入职场的人都有的习惯。如同一个学生参加四六级考试的时候，刚开始往往觉得才开学时间还早，彻底忘记了考试的事，猛然有天发现时间不多了，于是拿出书来仔细阅读，却发现越理知识点越多，人变得很烦躁，本来能干的事情也干不下去了，最后考试的成绩肯定高不了。职场其实也是一样，领导安排一项任务的时候觉得时间还早，突然有天反应过来 Deadline 没有几天了，痛苦得要死。

我待过一家公司，每天上班第一件事是在 OA（办公自动化）系统上写六点优先工作制，即写自己这一天要做的最重要的六件事，然后晚上下班的时候要写当日的工作总结，每周五要写这一周的工作总结及下周的工作计划，每月要写月工作计划和总结，半年和一年结束的时候要写年工作计划和总结。而且公司安排相关人事行政部门严查。

那时候真的很讨厌这一张又一张的 Excel 表，因为觉得很多时间都被耗费在这种事情上，这玩意儿是出不了 KPI（关键绩效指标——Key Performance Indicators 的缩写）的，抱怨公司为啥不把更多时间用来提升业绩，做出业绩来难道不比这些表有用。

多年之后，这家公司上市了，而我想起过去的日子，真心感谢公司让我留下了这个习惯。因为你在做这些计划的时候，不论你自己多么的不情愿，你事实上都是在脑海中去思考这些问题的，这些思考的过程让你认真梳理自己工作中的问题，从而努力变得更好。多年之后，我在做网站运营时，依然严格依循 PDCA（Plan、Do、Check 和 Act），做事情之前先出计划和目标，出来的所有事情都有总结和收获，让运营活动始终不离开最早运营的目的与核心计划，避免做事东一榔头西一棒子的学生思维。

你的自尊心没那么值钱

很多年前听过一个道理：一个人在 18 岁成人，19 岁的时候进入大学，23 岁左右大学毕业，这意味着，大学的四年，你拥有成人和学生两个身份，在大学毕业之前，你可以拿着你的成人思维去思考，用你大学生的身份去试错，你犯的错，很多都可以用一句"算了他还是个学生"做挡箭牌。

这个时候，千万不要太好面子一脸清高，遇见脾气不好的人，说你两句就怨气上头。只要自己还确定自己能学得到东西，就该放下自己的面子忍一忍，挨两句批评死不了人。毕竟，你的自尊心没那么值钱。

上班第一天　你就不再是学生

招聘时，常听到应届生说的一句话是，虽然我没有经验，可是我会好好跟您学的。我常常一笑而过，一个经过十几年教育的人，往往陷入"我是新手所以你们应该教我"的思维里，但这个思维是绝对错误的，从工作的第一天起，你就不再是一个学生，而是一个主动对自己负责的人，并不是比你年长就有义务教你，你要做的就是自己主动参与到工作中，并且利用好业余时间开展学习，学会承担责任。

很多时候，一个人之所以对你不满，肯定是因为你的这个失误影响了他，你的领导也许看起来能力还没有你强，但他之所以是领导，肯定有比你强的地方，比如他扛着全部门的业绩压力，他训你一句的时候，可能在总裁办公室已经被训了一个上午。

说起来，这年头连批评和吵架都是力气活，有多少人愿意给你指路呢？有那闲工夫不如冲杯咖啡休息一会儿。其实不用害怕，和平地与周围的同事相处就好，与能做朋友的人成为朋友，不要与不能成为朋友的人成为敌人。

要懂得自己的劳动价值

很久之前看见一个新闻，说有家长愿意让孩子参与 800 块钱一个月的工作，甚至自己往里贴钱，还觉得这是好事，美其名曰让孩子得到了锻炼。

从校园到职场，我们最容易犯的另外一个错误，就是不清楚自己的劳动价值。找工作的时候，期望的薪资不敢填高，怕公司因此不要，觉得大家都在找工作，能进入一家公司上班就好，很多学校告诉学生：先就业再择业，给多少钱，先不必考虑。

这是为了就业率很不负责任的行为，选择一份职业，意味着你进入一个行业，而你第一份工作的成绩和公司的水平，直接影响到你后边的公司实力，这个选择的难度，绝对不低于你找对象。

事实上，从你上班的第一天起，你的劳动就应该是有价值的，你所付出的所有劳动，要么是为了公司，要么是为了自己。正确的思维应该是，我会为这个工作倾尽全力，我也要拿到相应的劳动报酬，体现自己的劳动价值。当有天你的劳动价值高于你的报酬时，提加薪是一件很正常的事情，前提是，你知道自己在团队的位置，以及你付出的成绩是否如此重要。

别扯了，时间才不会改变一切

趁年轻，去做比维护人脉更重要的事情

1.

随着年龄越来越大，我发现，人脉的作用，在中国被无比神化。

总有些神神道道的父母、被洗脑的长辈，不甘于自己人生的失败，挑一个他闲得无聊而你忙得要死的时候，跟你一而再再而三地强调着人脉的重要性。他们给你举很多例子，告诉你，因为人脉，所以你家隔壁男生同学的小舅子的哥哥从前什么都不是，现在在给某个大型国企的经理开车，再到后来他们的关系越来越好，于是经理将这个人提拔到车间去了，如今混得风生水起。

他们最后一定要加一句：所以人脉是重要的，要听我的，出门在外都要靠互相照应。

在他们眼里，他们的生活不如意，从来不是他们不努力，也不是他们没有能力，而是因为他们的上边没有人，没关系，自己也没钱。

可是，在我眼里，真正促进他开车的原因是他会开车，而国企经理正好需要一个司机，这其中当然会有人脉的成分在。比如，相比陌生人，我更愿意找一个熟人来帮我开车。再比如，

相处中，可能司机发现，自己曾经学的东西在公司其实用得上，于是跟经理说了，经理很高兴地让他复习，他也很认真地学习了相关知识，然后经过自己的努力，通过了公司的考试，到车间工作了。

但是在很多时候，这些你所有日夜奔波努力的成绩，都会因为你认识这样一个人，而被周围的人忽略。太多人并不是不知道真相，他们只是从他们所能够理解的程度去分析真相。

我绝不是一枚愤青，也真的不怀疑人脉的力量，同时我也想说的是，在我眼里最大的人脉，其实是一个人自己的能力，当我们的力量大到足够影响别人，能直接或间接地影响到别人的利益，那么，这条人脉，就是成功的。

依照六度人脉的理论，如今一个人通过互联网只要连接 6 个人，就可以找到你想找的任何一个人，你也可以跟你想要认识的任何一个人沟通。

然而人脉这种东西，其实本质是一种利益交换的过程。我不排除有人不图回报地帮助你，但这种人，在社会上不多，更多的时候，一个人帮助你，是他觉得有利可图。

你可能有他想要而没有的东西，可能是因为你父母送了他一些好处，就算暂时没有，他在帮你的时候，心里的潜台词也是：这个人，我以后用得上。

别扯了，时间才不会改变一切

2.

去年夏天大雄辞去了上海的工作，准备回老家发展。上飞机的前一天晚上，他拉我去喝酒，他跟我说："王远成，你知道我为什么不愿意回家吗？我在上海，很少有人会跟我说某人做成某件事情是因为他认识一个什么亲戚，大家都是凭本事吃饭，多数人在这个城市没有父母、没有亲戚、没有朋友，白天上班、晚上回合租房里生活。牛逼就是牛逼，不牛逼就好好学，静待出头之日。"

"可是你知道吗，我回到我那三线小城，总有人告诉我说他干了个什么事，是因为他老爹是个什么当官的，或者他认识一个朋友，似乎在那座城市里，没有熟人压根就办不成事。可是我家里都是平头百姓，我自己也没有什么人脉，在上海学的东西在小城市没有什么用处，前段时间回家几天没干别的，就跟朋友喝酒：第一天在烧烤摊喝多了回家睡一觉，第二天到了同学家，摆了一桌菜继续喝酒，第三天改到酒吧继续喝。这种感觉真的是糟透了。"

我拿起酒杯敬了他一杯酒，我告诉他家乡有家乡的好处："你终于可以不再漂泊了，你有大把的时间陪伴父母。人，在哪里都是生活。"

我却没有告诉他我的心里话：小城市里人们对人脉的迷信，已经到了我无法忍受的地步。

3.

有一年过年的时候，我的一个特别好的朋友住院了，我去医院里看他。

他是个心思特别细腻的人，本来就有些神经衰弱，然而同病房住着的是一个年近七旬的老头，刚刚做完手术，夜里疼得厉害，窝在病床上整夜整夜地呻吟，弄得他也睡不好，红着大眼圈跟我聊天。

于是我希望托关系给他换一个单间的病房，但是自己在这家医院没有一个认识的人。最后这件事情不了了之，朋友很痛苦地跟老头忍受了两周后出院了。

那一年过年的时候跟亲戚聊到了这件事情，果不其然，在我还没有描述清楚的时候，人脉通们纷纷开始炫耀他们的神通广大。

表姐在一旁用鄙夷的眼神看着我："你怎么不找我呢？我有个朋友的姐姐在那家医院做护士，找她绝对没有问题的。"她在饭桌上巴拉巴拉地说了一大堆，仿佛整个医院的人都跟她很熟。

而我其实知道，表姐给不了我任何的帮助，这种事情发生过许多次了，表姐从来就是那种遇见事情什么都帮不了你，但是事情完了就会马后炮地告诉你，如果当初找她有多简单的那种人。

她的话，我向来连标点符号都不信。

然而，这种人在老一辈人眼里非常有市场，我老妈就非常吃这一套，她一脸敬佩地听她讲着，末了，还不忘一脸鄙夷地数落我："我们家王远成这方面向来是不行的，要多和哥哥姐姐学学，你看姐姐的朋友多、路子广，以后有事情大家就有个照应。"

我瞬间变得一个头两个大，虽然我懂得，在他们那一代人眼里，人脉才是一切，但他们对人脉的迷信在我这样的人看来，确实如同一个外行人看教徒崇拜神灵一样。

4.

小芸是我所有同事里，情商最高的一个女生。

2015 年的年末，我跟小芸约在威宁路的一家日本料理店里聊天，聊到我们刚认识时候的场景。2010 年的时候她在公司还是一个小小的 BD（业务拓展——Business Development 的缩写），白天跟一群难缠的客户打交道，傍晚和周末的时候一个人躲在办公室里做 PPT 加班，忙得焦头烂额却永远笑得像朵向日葵。那时候我们刚刚相识，沟通不多，我眼中的她就是一个长相清秀、性格文艺的姑娘，热爱生活，性格开朗，有着令一般姑娘望尘莫及的智商和情商。后来一次同事聚餐，我才知道这姑娘是名校硕士毕业，而且是有国家资格认证的红酒品酒师，我瞬间路人转粉。

那一刻我开始感叹命运太不公平，这世上总有一些姑娘，上帝给她打开一扇门，同时打开所有的窗户帮她通风。

如今的她早已经辞职，自己开了一家创业公司，每天的日子非常忙碌却井井有条，跟一大群有头有脸的媒体人聊大数据、O2O、互联网运营。在上海能把公司开得漂亮的女性朋友不少，但大部分穿着职业装打扮 OL，忙到灰头土脸，但像她这样一边创业一边在朋友圈里晒着小文艺的女生，着实让人佩服。

这一年，因为前同事结婚，我参加了几次前公司同事的聚会，却很少在聚会上见到她，即便是年底的这次约会，也是我们两个人抽出下班后的空闲时间单约的。

两个人吃着炸鸡喝着清酒，讲述着这一年发生的事情，对工作烦恼发表看法，感叹时间过得飞快，我问她："感觉你是个人缘很好的人啊，为什么这几次聚会，你都没有参加了呢？"

她笑着对我说："现在基本不参加6个人以上的聚会了，喜欢这样把人约出来单独聊天，没有劝酒，不用喝得醉醺醺的，有效率、有干货。大型聚会，一般都是说说笑笑，话题无法深入，没有太多意思。"

我回想了下，似乎还真是这样，两三个人的小型聚会，大家往往能够就一个问题深入交流，那些十多个人聚在一起吃吃喝喝的聚会，看似热闹非凡，可是聚会后深夜回家坐在车上的时候，心中却会感叹，似乎又一个晚上被这样的吃吃喝喝浪费了。

很多人看到这里的时候肯定会说：矫情吧你，你的人生有那么忙吗，朋友吃个饭你还指望学到点什么，累不累啊。

可是很多时候，生意、关系、金钱、利益，都是在这样的沟通中形成的。

小芸告诉我，刚入行的自己也曾为了人脉和社会关系忙得心力交瘁，白天上班、晚上陪客户喝酒。毕竟私人的公司，很害怕因得罪了人而导致公司利益受到影响，直到后来越来越累，有一天突然想通了，下班的时候把更多陪客户的时间留给家人和朋友，与客户交谈也不大喝酒了，原以为会影响到自己，却不想客户反而觉得她规范，业务也并不受影响。把公司的产品做好，实力发挥出来，生意和人脉都会自然而然地来。

故事讲到这里，你应该知道我想表达什么了。

如我之前所说，在中国，人脉确实是很重要的事情，但人脉并不是约很多朋友三五成群的吃饭，也不是成群结队地去网吧打游戏，你不该把二十几岁最宝贵的青春年华，用来做这种事情，给自己一种我在维护人脉这样的错觉，而应该把时间用来提高自己，当有一天你有了和别人交换的能力，那时候，你的力量在人脉的作用下会呈现爆发增长，是取之不尽用之不竭的。

人脉是无数个连在一起的 0，你的人脉关系越广，这个数字的位数就越高。他们跟在你后边，加上你自己，可以组合成几十、几百、几千甚至几个亿。

可是，不要忘记最重要的一点，这些 0 前面的数字是你，是你的能力。你的能力大小决定着这个数字的大小，因此，你唯独不能是 0。如果你是一个没有真才实学的人，那么这个数字，无论后面跟了多少个 0，最后也什么都不是。

别扯了，时间才不会改变一切

学会享受一个人的时光

1.

移动互联网风靡后最奇怪的事，就是每个人的朋友圈里都有一大堆朋友，从 QQ、微博到微信甚至陌陌，我们比任何一个时代都更加了解另一个人的私人生活，每天花时间一遍遍地浏览点赞，成了每个人的必做事项，但在微信流行多年后的今天，却有一个奇怪的现象发生，越来越多的朋友开始卸载朋友圈。我们似乎都明白，浮躁地陷入这种毫无意义的"点赞社交"里，对我们的生活似乎没有更大的帮助。

而年少时候写一封信然后通过邮局寄给另外一个人的那种宁静的心态，越来越难体会得到。很多朋友，纵然你在朋友圈里点一百个赞，却依旧无话可说，可是大家还是愿意陷在这种毫无意义的点赞里。想来也是，人本来就是群居动物，对于越来越多的人来说，宁愿假装朋友遍地，也不肯承认孤独。孤独，成了社会大敌。

孤独确实有很多缺点，它会让一个人懒于社交，会让人陷入宅、笨、傻的境地，长期孤独、整日面对电脑，可能造成一个人心理阴暗，看待问题的时候态度偏激，比如单身很久的人慢慢地就真的不会谈恋爱了。可是坦白说，我是个从来不害怕孤独的人，回头想想，我的很多生活技能，都是在爱情和友情的空窗期学会的。孤独教会了我很多东西。

因为性格孤僻，我大学第一学期就找到老师，要求把自己从八人间调进四人间，我是个很害怕跟很多人在一起的人，一旦陷入人多的环境里我就会变得烦躁。那时候四人间在学校是稀缺资源，我父母送礼给老师，并且强调我的身体状况一直不好，房间人少的话可以休息得更好。于是，我是我们大一新生里第一个搬进四人间的人。

说来可笑，我搬进的那个宿舍，除了我一个大一新生，剩下的都是大三的学生，对面床的云南男孩子很早就谈恋爱，跟女朋友搬出去住了；另外一个石家庄的男孩疯狂迷恋电脑，也租了房子整日沉迷于网吧，在大一的第一学期里，我只见过他四次，每次都是进屋拿个包，跟我简单地聊两句就走了；于是，宿舍里，只有我跟一个山东的学长两个人长期居住。那段日子我每天都带着一个MP3，在教室里也独来独往，我礼貌地面对着周围接触的人，保持着朋友关系却又刻意疏远，班上的同学在校报上经常看见我写的文章，却鲜有人跟我有交情，没课的时候我一个人去汉唐书城，一坐就是一下午。我花了一个学期几乎读完了学校外租书铺子里所有的青春小说。那一年网络上开始流行BBS，我开始研究怎么搭建论坛，一边跟一群人灌水一边思考怎么把流量做起

别扯了，时间才不会改变一切

来，现在想想，这算是我最早开始接触网站运营了。我们学校最大的好处就是有一个露天的大书吧，整天放着轻音乐，那里的设计真的让人很舒服，即使你坐一下午不买一杯咖啡，服务员也不会赶你走。我自己用笔记本电脑刻了很多 CD，然后把那些口水歌一遍一遍地单曲循环，学着在电脑上写东西，写了删删了写，乐此不疲。

作为一名自考生，我比很多统招学生更加懂得孤独的意义。所有自考生都应该体会过那种孤独的感觉：一个是考场在很远的地方，早晨天还没亮的时候就要起床，在寒风中等待开考，周围的学生有十几岁的孩子，也有四五十岁的考生；另外一种就是在复习的时候，统招生有一门课没过可以去找老师卖萌开后门——毕竟自己的学校和学生，老师骂归骂，终究会放一马。但自考生完全没有这样的机会，考试前一周才知道自己的考场，自考的流程跟高考一样，所以我除了挑灯夜战认真复习，基本没有任何走后门的机会。

其实，人有时候就是习惯给自己太多的机会，而自考的这种严格，反倒坚定了我好好学习的决心。我从刚开始的不习惯慢慢变成享受孤独，并乐在其中。英语是我的弱项，很多学生考英语都是找人代考，但是自考代考是不可能的，为了背单词，我买了一个二手的文曲星，没日没夜地背，背累了就休息一会儿，继续学习。我到现在还记得我最后考了 64 分，虽然是低分过线，但对我来说，已经很不容易。

2.

太多人都有一个误解，认为性格孤僻的人没有朋友，或者性格冷淡的人都不重视友情，所以不值得深交；相反，我觉得孤独的人交的朋友都是属于关系特别好的。我朋友虽然不多但是关键时刻都能真的站出来帮我一把。孤独与交朋友并不矛盾，把自己的时间耗在一些泛泛的交际里，其实才毫无意义。

2009年，我在陆家嘴附近的一个地方住，由于公司的业务调整，需要有人上夜班。当时的工资不高，周围的同事都非常抵触，很多人找了新工作，而我依旧选择坚持，因为相比别人，我反而很享受那种晚上的宁静：一个人在一个几十层的大楼里，夜里一个人在微波炉里热饭，在茶水间冲咖啡来喝。曾经的自己也觉得委屈，但有些东西，你一旦习惯了，就知道它并没有你想象的那么可怕。现在想想，有多少公司愿意给你钱又给你时间让你学习？我做完了工作就开始看一些网校的课程，恶补大学时候落下的课程，恶补互联网交互的知识和 Excel、PPT，这些都给我未来找工作打下了不错的基础。

周围的很多人，因为受了失恋的伤害，从两个人的状态中抽离到一个人的状态里时，常常会孤枕难眠，或者在半夜里惊醒，尤其当黑暗的屋子里只有自己的时候，那种感觉确实是很难受的。但其实如果一个人懂得自己要什么，就一定能从那种孤独的状态中重新寻找自己和锻造自己，这对一个人的成长来说，真是千载难逢的机会。再厉害的部队，也需要时间来休养生息，没有一种孤独是百无一用的，而尽快脱离那种痛苦的状态将自己扶正，你就会知道孤独并不是件可怕的事情。

如今的我可以很轻松地应对很多人的环境，也越来越懂得交际对于一个人职场成长的重要性，我知道朋友和爱人，对于一个人成长的重要性，但我也知道，假如有一天我再度陷入孤独，我不会为自己感到迷茫和担心。真正成大事的人，有多少人纠结于小情小爱里不能自拔？耐得住寂寞，才有可能发现更美丽的风景。就算你此刻咬牙切齿哭哭啼啼，也照样要咬起牙关挺过去。

所以，如果你正处在一种不可救赎的孤独当中，不必担心，享受一个人的夜，去做自己喜欢的事情，挑灯夜战认真努力，等好运忙完了她自己的事情，自然会来接你。

第三章
执手时间，葳蕤成长

　　我们总描画着十年后或者二十年后的自己，但你要清楚，这段漫长的路，如果缺少你前行的脚步，未来将永远都在他乡。愿你我，携手并肩，桀骜成长！

比起平庸，努力从来不是一件辛苦的事情

不要怕，定定心，我们已在更好的路上了，不要后退，发展你的力量吧。

——但丁《神曲》

1.

大二那年的冬天，有一天上课的时候，一个平时接触不多的、性格很内向的学弟突然跟我说："远成，中午有空没？想请你吃个饭。"

我有些疑惑地看着他，我们平日里虽然关系不错，但交流并不多，突然要请我吃饭？

我看着他说："有事儿找我？"

他有些不好意思地掏出手机跟我说："我一个朋友下周要来西安玩，火车是凌晨5点到，我打算去火车站接她。但是你知道我这个人毛毛躁躁的，对接人什么的一点经验都没有，我有点紧张，你能不能陪我一起去。"

我接过手机一看，是一个长相很清秀的女孩子，就随口问了一句："这人是你的女朋友？"

他点点头，眼里闪现出一丝慌张，然后有点不好意思地笑了笑，又摇摇头。

我说："干吗啊，搞这么神秘，是你还没有搞定？"

他有点害羞地说："你别问了。"

我把手机还给他，有些无奈地笑笑："不就谈个恋爱吗，这有什么好藏着掖着的。"

之后的一个星期，这孩子像着了魔似的打扮自己，上网寻找约会攻略，一个人跑去东大街买礼物，发给我让我帮忙参考。几天之后，终于到了姑娘要来的日子，他似乎整个人都兴奋起来，根本不像平日里淡定寡言的那个男生。

因为学校夜里 12 点就会关大门，所以接他女朋友那天的白天我们睡了一天，傍晚的时候跑到火车站附近的网吧，在网吧里玩到半夜，估计时间快到了的时候我跟他从网吧出来。一出门，一股冷风就灌进脖子了，我俩在夜色下朝着火车站的方向走。那几天西安刚刚下了一场雪，我俩有的没的一路聊着，走夜路的我非常累，但我明显感觉他很兴奋。他不断跟我讲与那个女生认识的过程，讲他如何小心翼翼却害怕女生离开的心情。那一夜，偏僻的小马路上只有我们两个人，以及路灯下一会儿大一会儿小的影子。快到火车站大厅的时候，外边的风越来越大，我俩一路小跑地冲进大厅，到火车站通宵营业的商店买了两杯热橙汁。我看见小雪花透过橘黄色的灯光打在他的羽绒服上，他抱着橙汁站在那里，两个耳朵被冻得通红，我突然觉得很温暖。

2.

朋友间聊起男生遇见心仪女孩子时候的贱样，调侃说有一种幸福叫有钱难买我乐意。

谈恋爱的男生都有这样的经历，人在面对自己喜欢的事情时，是感觉不到累的。因为此刻在这个平日里笨拙的男孩子脑海里，有一个美好的未来。在这种憧憬下，他对于当前的困难是不会在意的。昨晚，有无数姑娘为了暗恋多年的男孩子考上了名校，无数小伙子为了单恋的女孩子顺口说的一句话而减肥锻炼。

没什么可丢人的，我觉得每个人都做过这样的傻瓜，只是事情有大有小罢了。故事演到最后，不一定依照当事人的想法演下去，也许考入大学的男生女生依然没有在一起，但是你我都不得不承认，当一个人有了目标或者激励的时候，他会去努力完成那个看起来够得着的任务。他会对身边的不利因素视而不见，而去寻找自己行得通的方法尝试，去求助有经验的人，请他们帮忙给自己一些经验。

步入中年之后，总是对校园里通宵玩游戏的孩子表现出难以理解的神情，我觉得自己要是有那个坐在电脑前对着 YY（一种语音网站）又喊又叫的精力，一定会拉起窗帘躺在家里的沙发上美美地睡一觉。然而二十多岁的时候，我也会为了一个网络游戏开了新服或者做活动双倍经验而彻夜难眠，这些都是因为，当你为了一件事情全情投入并乐在其中时，你是根本不会觉得辛苦的，辛苦都是周围人的感觉。

3.

努力这事儿其实也是一样。

无数励志书把奋斗描述得艰苦和困难：高考前重点班的孩子不吃不喝没日没夜地做卷子；上班时程序员朝八晚十一不知疲惫；结婚刚一年的年轻妈妈忙完了手中的PPT，下楼买一份麦当劳就开着车接孩子。他们遇见困难时无助困苦却披荆斩棘，面对困难时有极为强大的内心，从没有什么能够难倒他们，看起来都像是要赶去救雅典娜的圣斗士，或赶着去西天取经的唐玄奘。

但我认为，这些事情都是事后才描写和总结出来的。

真正沉浸在事件当中的人，在生活的当时并不会体会和感觉到苦，或者说，忙碌于这种奋斗状态的人是没有时间去总结这种辛苦的。

奋斗永远是英雄上梁山：要么是被现实生活逼的，要么是为理想的生活憧憬而逼的。

那个白天上班晚上去夜市上摆地摊卖牛仔裤的姑娘，可能大学毕业后没有太好的工作，卖米线的大婶有可能婆婆重病在医院住院，地铁口卖丝袜的阿姨有可能老公工资不高孩子还要考大学。

出门旅游到了一个心仪已久的景点，走了一天也不觉得辛苦，晚上到了宾馆才发现双脚已经磨出了水泡。当做的一件事情是自己一直渴望做的，有想法和愿望的时候，是感受不到累的。

比如开篇提到的那个羞涩却沉浸在等待恋人的幸福中的男

孩，以及那些为了自己的理想而开一家公司，每月计算自己的利润，希望通过自己的努力改善生活的人，当他想到自己举着钻戒跪在喜欢的人面前的时候，当他结婚时走进商场可以不用太在意价格标签的时候，当他的孩子享受更好的食品更优良的教育，回家给他表演钢琴、小提琴的时候，他都会感觉到这种付出的价值。这时候，一个人孤独走夜路回家，一个人打开房门按亮屋里的灯的那种孤独感，虽然也会偶尔浮现，但是也会很快被打得烟消云散。

比起恐惧多年后的平庸，努力从来不是一件辛苦的事。生活本来对谁都不是一件容易的事，好在我们有理想，纵然它在那年轻岁月里显得那么渺小与单薄，可是，它依旧是我们小心翼翼地藏在心底、精心浇灌的种子，孤独无助的时候拿出来看看，用汗水和微笑细心浇灌着。若干年之后，当自己的努力获得相应的回报，回想起曾经的自己，翻看自己曾经为理想而做过的事情，曾经生活过的地方的艰苦，才会感叹如今这种幸福，也怀念曾经破败时残留的小美好。这些财富，伴随着这些年的汗水一起，扎进土里，一场大雨之后，重新破土而出。

这些，才是努力真正的意义。

毕业第一年，先学会花钱

1.

老爸每次去逛早市，总是乐呵呵地提回来一大堆菜，然后告诉我今早的菜多便宜。可是我不经常在家里吃饭，这些菜吃不完被放进冰箱，吃许多天，仍然吃不完，后来蔬菜放久了越来越不新鲜，最后烂掉，大把大把地扔进楼下的垃圾堆，钱花的也不少，还特别浪费。

这问题被我说过很多遍，但是收效甚微。老年人的消费习惯多是如此，他常常跟我提起他们小时候，一家里六个孩子，总是吃不饱，所以日子特别节约。"常将有日思无日，莫待无时想有时"被他当作道理，从小一遍又一遍地讲给我听。

因为他们节约了一辈子，所以关于贪便宜这件事，无论他当你面的时候答应得多么娓娓动听，出去逛街，见了便宜的东西还是会两眼放光，抱起来就去结账。

相比较，年轻一代喜欢买超市的净菜，看起来贵一点，但是东西保鲜度更高，包装小，随拆随吃，干净又卫生；最关键是量刚刚好够炒一盘菜，绝不浪费，而且相比菜场的菜，因为已经经过人为挑选和处理，质量要更好一些。

在我眼里，这种买净菜的人才是真正的会过日子。

2.

互联网里有句话，说**免费的东西都是最贵的**，仔细想想，这话用在生活里，也是难得的道理。

这话最早是从游戏圈子里传出来的，因为最早的网络游戏是按照时间计费的，游戏的主要群体是大中学生，他们并没有很多钱来玩游戏；后来，出现了完全免费的网游，而付费玩家可以有更好的装备。这种免费，刺激和吸引很多没有钱的学生来玩。

对游戏公司来说，只有付费用户才是能够创造盈利价值的，但是如果一个游戏完全收费，只服务人民币玩家，玩的人就会变少。游戏是一个讲究氛围的活动，玩的人越多越有意思，玩家少的话付费的玩家也没有兴趣玩了。

实施免费之后，很多人花费了大量的时间和精力在上面，他们并不懂，相对钱来说，人最宝贵的东西是时间，而他们的角色，事实上是贡献自己，负责陪太子读书。

贪小便宜的人总是吃大亏，生活中这样的例子数不胜数。无数次到超市看见打折的东西，觉得比平时便宜很多，而且买得多还能折上折，于是很兴奋地推着车子拿了一大堆。结果买回家之后，发现其实根本没有多少利用价值，放在储物间里落半年灰然后再扔出去。

人都是这样，因为一样东西便宜，太容易得到，大多数人都不会懂得珍惜，便宜的东西用坏了就扔掉，反正没有太多的价值，

别扯了，时间才不会改变一切

从淘宝低价买回来的视频课程，到考前才发现压根没有看过两集。只有报了几百上千块钱的学习班，才会每个星期都风雨无阻地去上，这是因为你前期投入的成本让你认为自己应该把精力花在上面，更促使你重视学习成果。

无数的励志故事告诉你：年轻人要多存钱，不要消费，年轻人节俭才能为今后的日子提供保障。其实这话没错，可是我却有不一样的看法。我绝对不是一个放荡不羁又花钱大手大脚的男人，也绝对不教唆大家花天酒地，可是这工作第一年不要存钱，确实是工作多年后悟出的道理。

刚毕业的第一年，一个职场新人的花费其实很多，而偏偏工资又特别的低，这个时候如果铆足了劲儿存钱，其实并不一定是一个好主意，当然如果你在大学里花父母的钱就大手大脚，那么需要在工作后改一下自己的消费习惯。对于绝大多数的人来说，20多岁的时候，以上海毕业生平均的薪资来说，一个月的工资4000块，除去房租水电，已经所剩无几，可你还是想从这些钱里存一些出来，于是你节衣缩食，每月存1000块，日子过得紧巴巴，你买最便宜的衣服，吃最便宜的饭，从不参加聚会，工作场合几乎独来独往，工作能力上也没有提升，不敢谈女朋友。

相信吗，两年之内你可能就受不了这种苦回家了。

我倒是建议你，把这节约的1000块钱花了，花在人际交往上，跟同事和朋友打好关系，穿得精致一点，不要求你买多奢华高贵的衣服，只要干净整洁就好了；用这些钱报一个职业培训班，系统地跟着老师学习职业上的知识；用这些钱给女朋友买一身衣服或一套化妆品，告诉她虽然你现在生活并不富裕但是你心里有她。

一套整洁干净的衣服能迅速打造出你干净利落的职场形象，与同事之间的大方能够给同事和朋友留下一个好印象，而这些同事，很有可能在未来的日子和职场上帮你一把，甚至很多年后，你希望进一个著名的公司却因没有门路焦头烂额，而你曾经交好的同事正在那家公司里上班，让他帮你做个内部推荐，你的职业前景可能就此打开。系统的职业培训能够迅速解决你职业中一些不规范的问题，帮助你在职业晋升的时候，拥有自己的闪光点和加分项。至于为什么要给女朋友买礼物的问题嘛，男生小气吝啬，是恋爱中最大的忌讳，在这么大的城市风雨交加的夜里，有一盏为你亮着的灯，你走夜路的时候也会有所牵挂，一个好的女朋友也能助你生活得更加有条理，用更饱满的精神来迎接新的一天。

而这些投入，会迅速拉开你跟普通职场人的距离，让你在公司的晋升竞争中获得优势，而等你的工资收入有了提升，你会发现你当年存一年的钱，如今可能紧张一个月就能够存到了。而多年前的那一年，你显然比后面这一个月更需要这笔钱，这才是最重要的。

父母经常认为我们不够节约，我则相信另一个观点：**最好的省钱方法是赚钱。**

周围的有钱人，没有几个是靠省钱发家的，省钱的人都是老百姓。来钱之道，一定来自勤劳而非节约。不信你想想周围的有钱人，大多数都是早出晚归的勤劳的主，他们是享受到了利益，但这是他们应得的，他们吃了很多别人吃不了的苦、别人受不了的罪。

3.

刚来上海的时候，面对上海满地铁的 iPhone，我总是特别诧异，为什么有人愿意花上国产手机三倍的钱去买一部手机，即便它屏幕色彩更好，照片拍出来清晰，但相较而言，国产手机的价钱可能只有苹果手机的 1/3，显然更有性价比啊。

很多人说是因为上海人均收入高，可是消费也高啊。

直到买了第一台 iPad，当时觉得游戏华丽、屏幕清晰，实在太好用了。我总结它的时候,跟我的朋友说:除了价格比国产的贵，其他似乎挑不出毛病。相比安卓平板下载下来的游戏经常运行不了，苹果商店轻松下载、一键删除，确实好用。

2016 年的春节，我惊喜地发现，买了四年的 iPad 竟然仍然可以运行苹果最新的系统，Retina 屏幕清晰锐利，在对游戏的兴趣消失之后，它仍然能满足我睡觉前插上耳机看电影、听歌的需求，运行速度虽然有些慢，但丝毫不影响它发挥作用，甚至在出差旅行的时候，配一个蓝牙键盘，就可以在飞机上写东西，连笔记本电脑都不用带了。

而同事们花了 iPad 一半价钱买的各种杂牌安卓平板，应用质量低劣，各种游戏包不兼容，在玩耍半年之后就扔进了杂物箱里吃灰。

那一刻我惊喜地觉得，iPad 是我买过的最值的东西。这时候我已经买了 iPhone 和 MacBook，不用再去装各种安全卫士，每天为了那 100 分一遍一遍地扫描电脑，原来电脑不用关机，随时打开就可以使用。而之前我一直固执地认为，那些花高价买来 MacBook 坐在星巴克喝咖啡的人，都只是在装逼，Windows 明明什么都可以做，为何要花万把块来用苹果电脑？

许多年后你就会知道，富人们其实看似消费高，但好的东西，在生活中总是利用率更高。一样看似贵的东西，不仅品质有保障，而且能提升一个人的自信心。

那些月薪并不高的人，他们舍得买价格昂贵的东西，一部分是家庭条件好的原因，另一方面，很多是因为他们可能更善于正向激励。

父母总是在强调超前消费的坏处，比如滋长攀比心理等，但是很少有人会提及消费可以促进一个人的奋斗欲望。被物质激励的人，更容易去争取，而这种积极态度，事实上也是有正面作用的。

有个在上海买房的朋友跟我讲，其实他刚到上海的时候，对上海的房价也是吓了一跳的，想到自己每个月要还那么高的房贷，就直打退堂鼓。后来迫于结婚压力买了，发现买了也就买了，每月信用卡账单寄来的时候，压力并不如想象的大，毕竟周围的同事都是这样，而那些想到买房就头皮发麻打退堂鼓的，结果房价一涨再涨，反而一次又一次地错过机会。

本来买车的预算是 10 万，到了 4S 店逛逛，想想这些年来一直都吹牛说自己以后坐豪车，后来一狠心就买了辆中级车，因为买了自己喜欢而似乎消费略高于自己的东西，做生意的时候更有自信，也更努力工作了，赚的钱也比以前多。

购物的时候，很多人都会因为便宜，买了很多东西回家，可是这个思维害死了很多人。正确的思维是，我是否需要它，我使用它的频率有多大？如果这个东西是你生活中需要的，或者它能够对你日后的提升有帮助，那么即便它的价格再贵，也是值得购买的，否则，价格再便宜也是一种浪费。

事实上，理财这件事情，因人而异，年轻人应该多体谅父母，存钱当然是一件好事情，毕竟我们少花一点，就能让他们少一些辛苦。但如果你花钱能够找到充分合理的理由，比如能提升自己的职业素养，或者用在提升自己的正途之上，磨刀不误砍柴工，花钱也未尝不对。花钱和赚钱一样，都是一门需要用一辈子去思考的问题。

兴趣是最好的职业老师

1.

有一天公司行政部的小姑娘找我聊天，那天上海下了很大的雨，办公室里只有我们两个人，她对我说："远成，我刚刚跟主任申请了转岗，决定转行做推广。"

我被她突然的话弄得一头雾水："你行政做得很不错啊，干吗要去做地推？"

"行政这一行有什么前途啊。"她嗫嚅着跟我说，"我刚刚毕业，正是用钱的时候，偏偏工资又低。"

工作这些年，跟曾经的同事吃饭的时候，常常能聊到我刚入职场时的窘迫：性格内向，适应能力差，倔强得要死。不幸中的万幸是，在无数次犯了错误摔个狗吃屎之后，一群善良的前辈都会在哄堂大笑中出手相助，所以，我还是跌跌撞撞地成长起来。

正因为如此，遇见初入职场迷茫无助的人的时候，我非常愿意出手帮一把。

不过，她要去做地推，确实是我没有想到的。毕竟，在我眼里，她这种娇生惯养长大的南方姑娘，能受得了医生那种没完没了的拒绝吗？

行政工资低倒是不假，因为公司里人少，事务也并不忙，干的就是来了客人就端茶倒水，给公司修个打印机、买个文件篮之类的打杂的活，薪资也确实很难高得起来。

细细一问才知道，原来公司里负责地推的经理告诉她，干行政不如来做医疗行业的地推，毕竟工资要高很多。

地推经理是公司从一家著名的医药大厂挖来的，上海本地人，家里也是医药世家，在医院就有很多资源，加上颜值很高，嘴又甜，是个超级会来事儿的主，天生是个做医药代表的料。

她也并没有撒谎。

刚 30 出头的年纪，手下带着一群 20 多岁的男生，一个月几万工资；加上本身家资丰厚，老公也是开公司的，又没什么压力，香奈儿、卡地亚、爱马仕天天换，多得可以自己开个小展览。

话说回来，一个刚毕业的姑娘看见上司拿着比自己高数倍的工资，名包、名表、围巾各种款式天天换，也难怪会动心。

可是，这真的适合她吗？

我想了想，告诉她，我觉得她不一定适合这个工作。在我眼中，医药代表除了颜值，还要比拼医药资源，而且要能说会道巧舌如簧，这是一个依靠积累的行业，而就我对她的理解，她这种毫无经验刚刚毕业的姑娘，一个猛子扎进这浑水里，也许并不适合。

小姑娘思考了一下，跟我说："我就想锻炼锻炼自己。"

我笑了笑，不好再说什么。

她去找老板谈了谈，不久之后，公司来了一名新行政，小姑娘跟着地推经理，信心满满地去医院做了医药代表。

2.

先别急着打听姑娘后来怎么样了，我们来聊一聊每一个人都关心的话题吧，那就是找工作的事。

这些年，如果说体制内最火的工作是考公务员，那么体制外最火的工作应该就是互联网。

互联网恐怕是无数大学毕业的有志青年孜孜不倦地杀进北上广深后最期待的行业了。根据相关调查数据，在北京，互联网行业是所有调查行业里收入最高的行业；在上海，互联网从业者收入也仅次于咨询类排在第二位。并且随着互联网对传统行业的融入、改变甚至颠覆，这个行业的薪资愈发地水涨船高，其他行业望尘莫及。

而收入仅仅是众多原因之一，毕竟莘莘学子大学四年，发现自己爱好平平没什么想法，对游戏执迷不悟，又体会了电商和互联网的便利，兴起的O2O行业对衣食住行的改变也几乎影响着上大学的每一个人，所以，很多人都产生了对这个行业很了解的错觉。

而且，相比其他制造行业的朝九晚五、死气沉沉，互联网公司所推崇的积极向上更是让 90 后们心心念念。原来管理不再是上下级而是扁平化的，原来工作时间不仅可以朝九晚五，也可以偷懒睡个觉的，原来上班是可以穿拖鞋，在会议室里吃着水果玩头脑风暴的，冰箱里是有无数水果、酸奶、冰激凌的，原来办公桌上不光可以栽花养鱼还可以打麻将玩塔罗牌的。

嗯，无数毕业后急于抢滩登陆的学子们兴奋不已，甚至在各个行业工作多年的人也看到了进入这一行的"钱景"，有的迫不及待地转行，有的则观望着跃跃欲试。

可是，你们真的是爱这一行吗？

3.

2015 年伊始，一个网上认识的朋友，放弃了家乡许多年的工作，跑来做互联网医疗。我们约在星巴克里，她说她在乌鲁木齐做了六年的医药代表，现在想做互联网医疗，于是就过来了。

我说："如果我是你，我一定不会放弃我之前六年的经验，以及好不容易搭建起来的人脉网络。"

她跟我说："我们都知道，互联网是很多东西的未来。现在做互联网地推的收入，比以前推销药品拿的钱都多。"

我说："是的。但这不该成为你跳槽的理由。你进入到这一行，以后会后悔的。"

她说："何以见得？"

我说："假如你现在的公司，发不出工资了，需要你在这个行业里白做两个月，你会干吗？"

她一脸鄙夷地说："那谁会干啊？"

我说："我会干。"

事实上，这种事情，我干过。

我曾在一家朋友的创业公司里打工，有两个多月没有拿工资，工资的事情，他没有提，我也没有提。我给他加班，一句话都不说，也知道如果那家公司倒闭了，我应该是一分钱拿不到，我做下去的原因，一个是想看看那家公司的潜力，第二个是不知道为什么，当时的我相信，那个请我进公司的人不会骗我。

后来，我果然没有被骗，老板拿到钱之后，一次性给了我几个月的工资。

你可能觉得这个例子牵强，可是，**真正对一个职业的爱，其实是一种不知疲倦。**

选择进入一个行业，不能因为它赚钱，而要因为你热爱。

因为这个，一个团队可以朝九晚九地工作，却没有人觉得累。

因为这个，周末加班没有人觉得不正常，周末很多时候大家都随叫随到。

互联网行业与其他的行业一样，需要氛围。

我有坐一个小时地铁，从浦西赶到浦东去参加一个产品经理论坛的经历。

我有跑去互联网大会，然后托各种关系请人吃饭，花钱求一张入场券的经历。

我为这个行业付出，并不是因为它如今火热，有一天它沦落的时候，我希望我依然坐在那个位置上。

这看似很难理解，但是又很容易理解，我的兴趣、理想，我对整个行业的理解、规划和看法，都因为有兴趣而变得不那么累，因为有讨论而变得生动有趣。

许多行业都是如此，外人看不懂，也进不来。而那些因为短暂利益而裸泳的人，在退潮后，都会在沙滩之上显得尴尬而无助。

4.

如果你现在还是一名在校大学生；如果你现在依旧混迹于网吧，在校园里谈恋爱，经常逃课，找认识的人帮你答到；如果你临近毕业，夜里睡觉前有一丝对未来的惶恐却不知道如何做起，我倒是建议你，先静下来，挑那么一天，找一个僻静的地方，坐下来思考一个问题：如果全世界的公司都要你，而你也并不缺钱，只是找一个自己喜欢做的工作，你会去做哪一行？然后从这个问题延伸下去，你在这一行有什么优势，有什么特长，或者你为什么喜欢这一行？

你要知道，你旷了一学期的课，考一门毛概（《毛泽东思想概论》）或马哲（《马克思主义哲学》）想一次性过，也要在最后划重点那一堂课上认真听讲，而选一个可能要做一辈子的营生，你居然都没有花一个下午，找一个没人的地方认真想想？

我一直坚信，一个大学生选择一个行业，兴趣是最重要的因素，它高过其他的一切。如果你做了一份自己不喜欢的工作，确实很难做出成绩。而如果你愿意在你的职业上花心思，你一定会有很好的职业发展。

不要光觉得自己敬业就好了，一个人敬业地加班工作，和一个真正热爱这个行业的人加班工作，所做的事情，是完全不一样的。

曾听过一句谚语："兴趣不能用来工作。因为你会看到这个行业的很多阴暗面，就会对原先的兴趣失去动力。"

可是，如果你只看到一个职业的光辉，却看不到一个行业的黑暗面，那你其实并不是真正地了解这个行业，也不是真正地热爱一个行业。

任何一个行业其实都有两面性，水至清则无鱼。真正的热爱，是你进入到这个行业，了解这个行业的闪光点和劣势、缺点，却依然愿意投身这个行业，愿意用好职业的发光点，同时努力去优化这个行业的不足。

我一开始做论坛，做个人网站，后来进了互联网公司，知道了这个行业有一些刷流量的现象，也有一些新闻炒作，还有美女主播，我觉得有的东西很低俗，我甚至开始怀疑一家公司的品格和品位，怀疑自己是不是该坚持下去。

许多年后我明白，虽然我也很不屑，但是如果没有那些看起来低劣、俗气、没有任何营养的内容，以及美女主播等贡献现金流，公司可能就没有办法做出免费的公开课和公益讲座。

一个公司和一个人一样，先得活下去。

常常有人跟我说，我这行和互联网不一样，我们薪水低。但真实的情况是，三百六十行，行行出状元，这世上其实从来就没有低薪的职业，只有低薪的工作，你做一个工作薪水低，只是因为你的工作是随时可以被替代且没有含金量的。程序员一个月拿4000块钱的有很多，客服也有拿几万块一个月的，关键是，你有没有真正地在这一行发挥你的优势和作用。你能把你的职业，发挥到什么程度？

5.

故事的最后，你一定很好奇，故事开头的行政小姑娘转行做了地推之后怎么样了。如我所料，这份辛苦又比较考验交际能力的工作，并不太适合性格有些内向的晓婉，她在医院坚持了小半年，最后离开了那家公司。不过值得庆幸的是，后来的她寻找到了自己适合的工作。而这半年的历练，也是日后职场的财富吧。

找工作，其实就是追女神

偶尔负责部门的招聘与面试，时常要跟应届毕业生打交道，对着一群懵懂却又满怀一腔热血的大学生，听他们信誓旦旦告诉我"愿意来公司工作，工资多少无所谓"时，我时常想起毕业时候同样希望靠真诚打动别人的自己。

但是很多时候，应届生求职就跟没经验的屌丝谈恋爱一样，做的是感动自己的事。

印象最深的一个女生，简历是装订的，有半本书那么厚，我一边提问一边挨个地翻看，发现她把大学时候的各种获奖证书都复印了，甚至高中的一些奖也附在后面，恨不得把家里的房产证也交上来。我把简历递给另一个面试官，他的表情从好奇到惊恐到忍住笑。最终，我面无表情地说："那就这样吧，回去等我们通知吧。"

这段说起来似乎对面试的人有些残忍，我俩就如同《美人鱼》里看邓超报警的警察叔叔，但其实拿到那么厚的简历确实有些哭笑不得：面试的时间是有限的，面试官每天要面对的人很多，那点时间你让我怎么看？那本简历我估计逐张看完半个小时就过去了，你以为你费了好大工夫，其实是在给面试官添麻烦。

从会议室出来跟面试官去吃饭，面试官跟我说："她这面试一次的成本，光复印可能就要花个十来块钱，加上交通费费用不少。"

作为一个大专生，我自认面试命中率蛮高，面试官跟我聊天基本上都愿意留下我，即便是很多名校或者高学历的学生，面试经验也没有我丰富，加上这些年自己被面试过，也做过面试官，倒是有些不成熟的经验，写出来供大家参考。

求职简历其实就是情书

几年前我冒着上海 30 多度还频频突降暴雨的天气，每周末坐地铁往上海体育馆跑，因为人山人海，所以就对着用人单位海投。面对这种每天都能收到几百份简历却只招收五个人的工作机会，我深知自己学历是软肋，可能机会渺茫，但是总觉得自己这么努力，多投简历还是没错的吧。特别是宿舍的学长纷纷签约了之后，自己就开始着急，这就好像是看见周围的人都谈了恋爱，于是自己也开始想入非非，看见哪个女生跟自己笑一下说两句话就在考虑要不要追。

许多年后你会明白，海投简历这件事情，其实成功率很低，即便找到了，往往也是些没有什么技术含量的工作。这事儿就好像你把同一份情书复印出来发给全班二十几个姑娘，结果就是哪个姑娘都不敢接受你，真有姑娘站出来说要跟你好，你也不敢接受。

后来干脆去想去的公司，把简历交给前台，想着增加这样一道工序，至少能让 HR 关注到我的简历，可惜依旧没有效果，且交通成本太高、效率太慢，只能作罢。

这事儿就是备胎给女神关爱，只是感动自己而已。比如研究给简历做一个好的封面，用彩色的打印或者给简历加一个塑料封套，并且给自己心理暗示，其实目的都是为了给自己信心，这种简历，多是会给 HR 添麻烦的。为什么？因为在大一点的公司，HR 一般一份简历停留的时间也就是十五秒左右，简历封面和塑料封套这种东西，除非你是设计专业，能做出来让 HR 眼前一亮的效果，否则你花精力做这些，都是浪费时间。

那么，好工作这个女神怎么追？简单地说分为几部分，分别是：1. 了解自己；2. 了解自己的女神（就是充分理解这份工作）；3. 让自己变得更优秀（补充自己的专业知识和技能）；4. 吸引女神（吸引面试官）。

从了解自己开始说起

找工作这件事想要干得漂亮，一定是一场有准备之仗，一场仗打得漂亮，好过你 100 次没头苍蝇似的求职行为。

所谓了解自己，就是做好自己的职业规划。

大学里时刻都在提职业规划，这个词其实并不好，因为无论文科生还是理科生，听到这个词都会觉得很专业，弄得很多人对这种事情心生恐惧。其实职业规划这事难度系数并不高，你要做的，就是在你找工作之前的几个月，找一个思绪不那么烦躁的下午，在图书馆里摊开一张白纸，思考几个问题：

● 自己的爱好和特长是什么？

● 和周围的同学相比，我的优势和劣势是什么？

● 性格是什么，这个性格有什么特点，擅长做哪一类的工作？

这样做的目的很明确，通过思考，你能够总结出自己的优势、喜好及短板，再把它们跟你希望从事的职业做匹配，这样你就更容易找到自己的兴趣所在。

网上有一些职业性格测试，没有事情的时候也可以抱着玩玩的态度做做看，值得一提的是，不要看它推荐什么职业，只看它对你的行为方式做出的结论，然后想想它说的话对不对；如果它的总结是对的，那么再看这种性格各有什么优缺点，优缺点是否可以利用或避免。不要担心自己的专业不对口，事实上最后能够从事跟自己专业相关的工作的人，在我看来生活中不超过 20%。

收集你要追的女神的信息（了解你所从事的职业）

你要追邻班的女神，肯定要先请隔壁班的哥们或者女神的闺蜜吃饭，了解女神的喜好、背景、有没有男朋友。其实找工作也是一样，你要去了解：

- 这个行业的发展前景怎么样？

- 自己对这个行业有什么看法？

- 薪资状况和发展前景整体如何？如果薪资不高，有没有补救的办法；如果薪资不够养活自己，或者没有达到自己的期望，是否愿意怀着情怀去坚持？

- 这个行业最大的公司是哪家？他的竞争对手是哪家？两家的模式有什么异同，或者有什么特点？

- 可以从互联网上查看他们的新闻和相关的新闻评论，大公司甚至可以直接去他们的官网查看他们的财报，了解这个公司的收入水平。

根据女神的喜好去提升自己（补齐你的职业能力短板）

你邀请了女神的闺蜜，请她吃了一顿火锅，然后了解了女神的爱好是喜欢跟别人聊电影，喜欢吃意大利面。你可能也会去图书馆看一些电影史，没事儿就把电影资讯和明星八卦浏览一遍，然后报个西餐班，或者买些意大利面的材料，找个周末在家里苦学烹饪。

那么找工作这件事情，其实也一样是投其所好：

- 理解工作单位的招聘条件：从招聘公司中找到你想进入的公司，把他们的招聘启事拿出来，对照着招聘要求，一条一条地看，然后思考自己有哪些已经掌握，还有哪些方面是不足的。对于需要操作的软件不会的，去网上找免费或者付费的教程来学习。

● 对于行业里的一些学不到的内容，查知乎、果壳、豆瓣的相关小组，看看行业里的人对一些热点问题是怎么看的，当前热点的话题都有什么，对行业及公司有一个大体的了解。

● 值得一提的是，如果这个行业或者你想去的公司已经有入职的学长，可以约出来吃个饭，跟他聊聊对职业的看法。大部分的公司，其实已经入职的学长可以帮你做内部推荐，这样的话录取的可能性会增大，比你面试一般的公司要好得多。

是时候给女神写封情书了

女神是永远不会被复印的、千篇一律的情书感动的，所以你要做的，是写一封有真挚情感的情书，针对女神的爱好，把你对女神的思念和喜欢写出来，然后把辛苦做出来的意大利面拍张照片，告诉她你已经做得跟酒店里的差不多了，希望有机会能让她品尝；告诉她你知道她喜欢看美国大片，自己对大片也有兴趣，希望有机会能一起看。当女神知道你在试图了解和靠近她，并且听闺蜜说你爱好广泛做饭水平不错时，就答应周末来你家尝尝你做的意大利面。这时候，你赢得女神归的概率比复印情书要大许多倍。

找工作也差不多，是时候优化你的简历了。

写简历的教程，网上已经有很多也很详细，相信正在找工作的你应该也已经有涉猎，我要说的是，把那个用 Word 设计的封面撤掉，把所有的经历写在一张 A4 纸里，这样做的目的，是保持简洁。所谓简历，就是简单描述你过去的经历，至于详细的情况，留在面试中吧。

值得一提的是，你给女神写情书的时候，会记得描述自己的优点和获得奖项，那么你的简历里也不要干巴巴地过多描述你做过什么事情，而要更多地体现你的成绩和工作中的优势。其实面试官每天看几十封简历，而那些简历都写得大同小异，这个优势如何来体现呢？

一种是把陈述的事实改为数据，比如把"我在可口可乐公司实习两个月，帮助可口可乐撰写方案，并参加促销活动"改为："在可口可乐公司实习两个月，撰写促销策划案 2 个，PPT 2 个，一个被实习老师评为优秀；参加周末校园地推，共卖出 8000 瓶可口可乐，中午没有休息的工作得到了带队老师表扬"；另一种，就是出示证明，比如展示获得的优秀实习证书、大学奖学金证书，等等。

说白了，不要只是陈述自己做了什么，而是要展现自己的优点和价值，让你的简历和别人的不一样。你的目标，就是让 HR 把你的简历停留时间从 15 秒延长到 1 分钟，这样的简历，转给用人部门的机会更大。

对于比较看重的岗位，可以针对你投的职位，给用人单位写一份求职信，一并附后。求职信不是表决心，而是描述你对这个职位的看法和理解，以及自己的情况，让对方了解你对这份工作的理解程度和你大致的水平。

与女神的亲密接触（与面试官建立吸引）

终于在周末的时候见到了女神，你洗头、换衣服，把屋子打扫得一尘不染，然后把女神迎进门，从厨房里端出你的意大利面，女神笑着尝了一口，表扬你做得确实不错，问你怎么做的，你要告诉她除了传统的意面，你还加了什么蔬菜和水果，并且告诉她其实用番茄酱还可以做很多中式的美食，而且你做饭水平其实不错，可以做给她吃。女神吃完看见墙上挂着小提琴，你笑着告诉她你小提琴过了级，然后随手拉一曲给她听，然后告诉她你知道今天门口的电影院正在放美国大片，你已经买好了票，而且电影院旁边有全市最好喝的特色酸奶，你觉得女神答应你的概率会不会变大？

面试也是差不多的，提前做好功课，穿着整洁干净的衣服，把自己打理干净，精神饱满地去参加面试，然后充满自信地面试，表情自然地看面试官，适当地点头表示自己在消化，跟面试官进行沟通，不要闪烁其词，更不要表情猥琐或者慌张；假如遇见不懂的问题，坦然告诉面试官不懂，应届生对行业问题不懂没什么，但不要对着面试官不懂装懂。

我觉得面试中，与面试官进行全面的沟通是必要的，要让面试官觉得你确实渴望这份工作，对这份工作有向往，同时对这份工作充满兴趣，来之前做过功课。如果恰好你对这一行有所了解，大胆而谦逊地表述自己的看法，通过你的了解，反过来让面试官对你表示好奇，当他愿意与你互动并且各自表述看法的时候，你的面试，就成功了一大半了。

当然，就如同跟女神约会一样，事先也要在装扮上下一番功夫，不必穿得多名牌，非银行、销售、BD（商务拓展）类的岗位的话，不必西装革履的，穿得整洁干净就好了。重点是给面试官一种干净、阳光、聪明又上进的印象，那么你的面试成功机会会比别人多很多。

先把钱放下，专注于你的事业

所谓一万小时定律，是指要想成为一个方面的专家，至少需要为这个目标奋斗一万小时，以每天工作八小时计算，从进入职场开始，到你成为这个方面的专家，平均需要5年。而这5年中，最痛苦的并不是一个人孤独奋战的寂寞，而是一个又一个看似美丽却又在急着吞噬你的诱惑。

1.

2015年的夏天，我在ChinaJoy（中国国际数码互动娱乐展览会）游戏展门口，又见到婷婷。许久没见，如今的她在上海一家知名的电商公司做运营主管，朋友圈里整天晒着加班回家的地铁站和加班的便当。我们很久没有见面，她听说我有多余的门票，嚷着要去玩，于是，在一群Cosplay的妹子和举着手机狂拍的玩家当中，她一身Office Lady打扮，冲着我傻笑。

我打趣地说："你咋没穿得再正式一点，怎么不套一身军装出来。"

她特别尴尬地骂我："不带你这么损人的。我能出来已经很不容易了，就请了两小时假，一会儿还要赶回去，我们快进去看吧。"

"哎，这么大的场馆两小时哪够啊，你来参加竞走的吗？"

她一脸无奈地抱怨我："老大你够了，你知道我现在多忙吗？能给我两个小时假已经不容易了，我过来溜一圈就走，你一个人在这玩。"

"我靠。"我气急败坏地说，"早知道我不带你了，居然放我鸽子。"

"真不是放你鸽子，我最近要忙死了，难得见你一面，你在这里多玩会儿，我一会儿要赶回公司开会，晚上我来找你，请你吃晚饭。"

我依旧嘴不饶人："你这是年薪过百万了吧，比我还忙啊。"

她看着我，比画了一下手指头，然后调皮地吐了吐舌头。

我说："低了。"

她看我一眼："对啊，我也觉得有点低。"

"纠正一下，我说的低了，不是有点低，是特别低，低到尘埃里的那种低。"顿了顿我继续逗她，"反正你这辈子不买房、不谈恋爱、不结婚、不生孩子、不出去旅游的话也够了。"

她头一甩："我不要跟你聊了。"

我说："简历给我，多了不敢说，翻个两倍问题不大。跳吗？"

她看着我嗫嚅地说："不跳，我一直就想做这一块。废了多大劲忍了一年多，刚有机会摸上核心业务。"说完拿着 ChinaJoy 上的玩偶把玩了起来。

我看着她的背影不再说话，我当然知道她不会跳，她依然是当年那个她。

2.

有一种坚持叫勿忘初心，就是说你一路小跑的时候要时刻记得你最初的目标是什么，不要在花花绿绿的世界里迷失了自己。

几年前我招婷婷进我们公司的时候，上海的房价刚被炒起来，跟我合租的人中，有一个叫赵小乐的男孩子，他高中没有毕业的时候，冲到上海来，在一家房地产公司卖房子，每天穿着一套笔挺的西装，头发抹得油亮，白天在几个楼盘晃荡，晚上跟在我旁边玩电脑。那段日子上海的房子卖疯了，所有人都在猜日后的房价会怎么样。他早出晚归，在短短几个月内赚了好几万，而我的收入，在那个年代还难以启齿，凑合着能保证温饱。

有天晚上回家的时候，我翻看赵小乐散落了一床的卖房资料，于是跟那男孩子说："你知道吗，卖房子的术语我其实知道，客户肯定会问这几个问题，问你的时候你就这么说……"

我趴在桌子上给他讲了两个小时如何把房子推销给客户，他兴奋地跟我说："哥，就你这个嘴，说服客人没问题啊，干吗还做互联网啊，跟我去卖房子赚钱呗，比你赚的多多了。"

我笑了笑，把资料扔床上，打开电脑，该干吗干吗。

那一年的春节前赵小乐赚了个盆满钵满，他在回家之前买了一款新手机，开始憧憬下一年的楼市会不会更火。那时候他一个月就可以赚我小半年的收入，我唯一的优势，就是比他多一个双休日。

而那时候我就不后悔自己的选择，因为我知道，我从到上海的第一天开始，就是为了互联网而来的，干一行爱一行，不要因为看见别人赚钱而去羡慕别人的生活，别人赚的钱是用离开家，一个人在出租房里，体会一夜一夜的孤独赚的；是用周末午休时，客户打个电话就扔下饭碗，冒着 40 摄氏度的高温，跟客户苦口婆心赔着笑脸赚的；是用拿着复印资料一页一页背，即使心烦，家里老妈住院，也要转身就笑着对客户说，你要是还不满意我还有一套，你要不要看一看这样的心酸赚的。

很多人说如今的大学像一个小社会，事实上大学里的乱跟社会比起来还真是不值一提，进入职场，就如同一个女人出嫁。很快你会发现，别人家的丈夫钱赚得多嘴还甜，而自己家这个，谈恋爱的时候没发现他有这么多缺点啊。你除了要耐受寂寞，还要抵制很多诱惑，比如比你薪水高一倍但是可能和你的理想相悖的工作，比如看起来绝佳不可放过的创业机会，比如一大堆熟人苦口婆心推荐你进入某个领域，这个时候，一步走错，丝毫偏差，可能就让你离你当初的目标越来越远。

而最后走得最远，离目标最近的人，一定是那个意志坚定走直线的人，可是这一路行走经历的孤独和风景的匮乏，恐怕只有自己知道了。

3.

职场上经常有很多差不多先生，这种人就跟考试时候"60分万岁、多一分浪费"的学生是一样的。他们的心态是"我没有想要在职场上出彩，我只要工作按时完成不出错就可以了，我只是一个混工资的人"。

可是这种心态的人，在职场上永远处在中游，最后连工资都没有的混了。

工作和考试一样，一个人从70分提高到90分，比从90分提高到95分要简单得多。这就是优秀到卓越的区别。一部苹果手机的性价比，可能只比某些国产千元机高个20%而已，但一部手机，当它所有的功能都比别人高出这20%，总价格就是一部千元机的几倍甚至几十倍。

因为为了提升这20%，设计师要花费的精力、时间都可能数倍于重新研发一部新手机。而消费者愿意多花数倍的钱去提升这20%，说明这20%其实对消费者是重要的。

而在职场上，做到优秀是远远不够的，那些数倍于你薪水的人，他们的高薪水是因为他提升了众多任你如何拼命都无法提升的 5%。而这 5%，可能是他用千千万万个刻苦研究的周末和加班换来的。关键时刻，这 5% 的提升，就是一家企业胜负成败的关键。也就是说，那些他日后拿到的薪水，其实是之前的辛苦回报他的。

所以，你要花费自己的时间，专注于你的职业，让职业和兴趣相辅相成，去真正地了解一个行业，并且用力去把握它，订阅一些行业里有干货的公众号，利用自己的碎片时间，去关注行业里的事情，去试着写一些行业里的分析，把自己变成 95 分、96 分、97 分的自己，并朝着满分的自己继续前进。

4.
有时候人生就是有很多很奇怪的事情，有一天你会发现，有些吝啬、爱财如命的你，会为了一样东西放弃你原本很在乎的东西，你在没有太多回报的怪圈里活着，却没有觉得艰苦而觉得幸福，那这样东西，一定是你的信仰。你要相信，在不久或者很久后的将来，你所有的付出一定会有回报。

值得庆幸的是，多年之后，总有人还在为着理想而坚持着，不管那个行业多么落魄不堪，总有人因为喜欢一件事情就去坚持，而不是因为收入，不是因为世人眼里的风光，有面子。学历超群、聪明而又努力的婷婷，为什么依然拿着似乎不如意的工资，她显然比别人都上进，那是因为，未来的一天，当她在这里完全拿到了自己想要的东西，成为这个行业的专家，那她之前流过的汗水

别扯了，时间才不会改变一切

和丢下的钱，都会飞回她手里。这也就是为什么要勿忘初心，相比别人，婷婷一直知道自己想要什么。

那些因为诱惑而放弃了理想的人，在经历了行业的膨胀期之后注定是无法坚持的，因为他们并没有一颗真正热爱的心，他们只能更换一个又一个的工作，最终丢掉自己。

那些他们因为钱而抛弃的理想，最终也会将他们抛弃。

第三章
执手时间，葳蕤成长

忙着提升自己的人，哪有时间嫉妒别人

1.

几个老朋友吃饭，一个结了婚的朋友感慨，发现过了三十岁，快乐的事情越来越少。我喝了一口酒，大言不惭地说："这个问题我认真想过，幸福感的缺失，来自攀比心的越发加重。"

2.

我刚认识汪洋的时候，一个月拿 4000 块钱，那时候，虽然他也是刚刚参加工作，可是工资已经轻松过万。我下班要加班做文案、做图表、写运营报告，他每天在上海各个公司里，约同事出来喝个咖啡、聊聊天，下班后还去网咖玩英雄联盟。身边有这样一个朋友，说不羡慕是假的，更何况，在这个大城市，跟他一个上海土著比起来，我又是一个外地人。

一次跟他深聊之后才知道，销售的压力很大。做运营可以月月扳手指，因为到日子拿工资，就算有绩效考核，撑死也就浮动个 10%。扣个 400 块钱也算不上大数目，更何况上司多少要看你的努力和面子，一般出了问题口头警告一下，快快把坑填上就好，很少会跟你来真格的，毕竟都是出来工作的，本来工资就不高。

销售这行不一样，每到月底，销售业绩、汇款单一清二白地在那里摆着，压力大起来根本睡不着，一个人卖了多少业绩，拿哪个级别的工资，标准没有一点含糊。所以做销售的人员要有超强的抗压能力，跟月底款还没到比起来，客户偶尔甩个黑脸，被人放鸽子，甚至被不满意的客户骂几句什么的，根本就不是什么事了。

从那天开始，我才知道，一行有一行的苦，外行人的羡慕嫉妒恨往往都是光看贼吃肉不看贼挨打。

许多年过后，只看自己，其实大多数时候，人对自己是满意的，但你若是时刻盯着周围的同事，各种羡慕嫉妒恨就接连而至。昔日一万元工资的铁哥们儿，如今已经是某家公司里的二把手，依旧整天灰头土脸地忙着上市，早已经过了靠工资过日子的阶段。而那个昔日里工资一直比你低的男孩，娶了一个如花似玉的姑娘，纵然两个人穷得愁下个月的奶粉钱，可是人家总归是有家的人了。再看那个当初在公司混不下去被迫离职的小子，如今在高校里开了一家饭馆，生意红红火火，几天前还找你想在互联网上做做宣传推广。

所以很多事情，不该盯着别人。公司二把手并没有那么好干，每天都有一公司的人等着靠你吃饭；结婚生子后也许为孩子上幼儿园忙个不停；开饭馆的哥们儿一个月赚得不少，可是早晨早早起来就去菜场买菜，客人喝酒折腾到夜里：有些苦你受不了。

刚毕业的学生，习惯了用成绩比人生的日子，往往心态会不平衡。其实，真的没有什么好比较的，大家的基础、性格、抗压能力、人脉关系都不一样。过好自己的日子，管别人干什么呢？

你不明白为什么你辛苦一辈子也在北上广买不上一套房，你同事天天玩却有三四套，可是有些事情说起来有点可笑：别人爷爷就比你爷爷奋斗得早。

3.

我刚参加工作不久的时候，有天中午，我被上司叫进办公室，她喜气洋洋地告诉了我一个好消息：公司对我上一阶段的工作非常肯定，决定给我加薪。

那时候的我性格内向不善言辞，但是自认为对工作尽职尽责，能够得到公司的肯定，心里当然是开心的。我认真地向领导表示感谢，回到座位，心里笑开了花。

然而，这种喜悦仅仅持续了一个小时，就消失得无影无踪，因为，后来我知道，坐在我旁边的和我一同进公司的同事，他不仅加薪，而且升职了。

昔日朝夕相处的同事得到提升，而自己辛苦了半年却依然没有任何升职的动静，我要如何处理今后的关系？更让我觉得难堪的是在我自己心里，我在工作的很多方面做得都比他好，为什么到头来得到的人却是他？

那个下午我变得非常焦躁，我在心里一遍又一遍地问自己为

别扯了，时间才不会改变一切

什么，甚至有冲进办公室里辞职的冲动。一整天的心情，都跌在谷底。

晚上回到家里跟六月说到这件事情，她一脸平常地看着我说："其实所有的东西都没变啊，只是你自己心态不对。"

我懊恼地看着她："有什么不对？这半年我为这个项目忙里忙外，我在部门的努力人尽皆知啊，为什么最后升职的人是他？你倒是反过来开始指责我不对？"

六月放下手中的碗告诉我："你早上给我打电话的时候，明明很开心啊，我下午路过菜场，还专门买了几个菜和饮料打算庆祝啊，这本来是件值得高兴的事，为什么因为你得知同事升职了，心情反而不好了呢。这对你没有什么影响啊。"

我看着她，竟然一时语塞："可是我心里觉得不公平啊，我付出了那么多，公司都没有看见啊。"

"哪里不公平了？公司看到了你的尽职尽责啊，否则为什么会给你加薪呢？你觉得自己很努力，可是他也很努力不是吗？你们两个人又不是做同样的工作，你怎么知道人家没你努力呢？"

许多年后想起之前幼稚的自己，时常觉得有趣，把时间花在嫉妒别人身上，往往是最不值得的，别人依旧在进步和提升，而你则因为这种事情，耗费你自己的青春。其实不必，有人快些，有人慢些，只要方向是对的，每个人都会走到终点。

4.

工作多年后某日整理邮箱，看见几年前自己曾经发给上司的邮件，讲一个网站的设计思路，洋洋洒洒地写了一大篇，上司回复就一句话：重写，请理清条理，重新理顺思路，标注重点。

那时候刚毕业不久，虽然重写了邮件，却在心里骂爹：我写了那么多，你到底有没有认真看过，居然还说我抓不住重点，条理不清晰。上司就是难伺候。

现在再看那封邮件，羞愧得头都抬不起来，假如我下属将这种邮件发给我，别说打回去重写，我早该找他到会议室喝咖啡了。问题完全出在自己这里，却还理直气壮，仿佛自己是世界上最不受人理解的人。再看那时候做的PPT，就是拿着Word复制粘贴，花哨凌乱的模板，别说版式清晰明了，连对齐都做不到，就拿着那脏乱差的幻灯片，做了一次结结巴巴的演说，居然还大言不惭地逢人就说自己能力提高了。最搞笑的是一次在职场上犯了错误，连累了兄弟部门的一个私交很好的朋友，被经理批评后回家，自己也觉得对不起那哥们儿，但也觉得自己委屈，于是发了邮件，谢谢他帮我擦屁股，邮件写得特别感性，洋洋洒洒几千字，都在说我们这半年如何如何辛苦，文艺得跟情书似的，然后大半夜发给那哥们儿，第二天还盼着别人回复我，疑惑自己如此雅兴居然没人回复。

拜托，这里是职场，本来就该是只讲功劳不讲苦劳的地方，你一大篇文艺的说辞洋洋洒洒还十分得意，可是大家那么忙，谁有空理会你？

看着看着，你就会发现，自己真的在成长。代表自己成长的标志，除了银行卡里的余额，还有那些自己曾经不理解却真真切切犯下的错误。如今的 PPT 似乎做得可以拿出来见人了，发邮件也懂得措辞合适条理清晰，知道什么时候该向上级汇报，无关痛痒的小错误也懂得给同事、下属留个人情。这些，是职场历练留给自己的礼物。

5.

这些年，我嫉妒过别人，也被别人嫉妒过。

嫉妒别人的时候，觉得那人面目可憎，面对自己的欲望，我却发现无论我怎样努力，那些别人触手可及的东西，都离我越来越远。

被别人嫉妒的一瞬，会有一丝得意，但是一瞬快感穿舌而过，紧接着是接连不断的愧疚、不安、委屈，好想过去站在他面前，伸出手拉他起来，跟他说抱歉，可是最终什么都说不出口。

而反思自己的时候我意识到，嫉妒其实是所有情绪里，负能量最大的一种，唯一的正面作用，就是告诉我们，我们还关注着自己的需求，我们还爱着自己，同时也告诉自己，我们身上还有很多不足。

其实，大多数的嫉妒，是你在哈哈镜里看到的那个人，因为你过于关注那个点，所以那个点被无限放大，而它刺激你，直到你情绪失控。

在这个信息爆炸的社会，我们太容易关注别人，而无论社交网络还是现实生活，我们都太容易看到别人的闪光点。大家都忘记了，从朋友圈到现实生活，我们看到的，是对方刻意展示出来的一面。在这个社会，一张自拍都要经过美图秀秀包装后才被抛到互联网上，而那些花费大量时间嫉妒别人的人，其实，都是上了其他人的当。

事实上，那个人过得好不好，幸福不幸福，拿多少钱，去过哪些地方旅游，与你根本无关。多花时间关注成长着的自己，才是自己变优秀的途径，你也才会获得更多的幸福感。

多年之后，当我们的心变得更大了，我们的世界变得更开阔了，再度相遇，一定能笑着说出那些曾经的嫉妒，我们会羡慕有那么一段时光，那么忙碌又孤独的日子里，我们竟然还有时间，为不相干的人生气，为不爱自己的人受伤。

和更优秀的人做朋友

1.

大学时代，有一天天蒙蒙亮，我去陕西师大找一个朋友玩，我记得那天早上我坐车特别早，我打电话让铁哥们儿来接我进去。刚进到校园里我就被眼前的景象惊呆了，在校园里的草坪上，坐满了早读英语的人，我认真回忆自己的学校，突然意识到，这个世界上，真的存在"比你优秀的人比你更努力"这样的事，那天我的印象特别地深。第二天我特意早起，在自己的校园里转了一圈，却发现虽然我的学校也山清水秀，有大片的草地，可是草地上没有一个人，就连外语系外边的草地都空着。那天早上的自己特别失落，我突然意识到，自己已经大三了，而过去的三年，那些比我优秀的人每个早晨都在刻苦学习，而自己一旦毕业，就要跟这样的一群人站在同一条起跑线上进行竞争。

那天下午，我照例跟宿舍里的哥们儿去了网吧，挂上耳机，输入了密码，我没有像正常人一样玩游戏，而是戴着耳机，转过脸，偷偷观察那些玩游戏的人，他们面对着电脑，很多人通宵没睡，眼睛里布满血丝。烟雾缭绕的环境，肮脏不堪的键盘，顿时让我更加失落，我想起老爸带着我去大学里报到的那天，西安特别热，那时我腰间的 CD 机放着周杰伦的《七里香》，此时才突然发现，自己的几年大学时光，竟然真的就这样快要结束了。

从那天开始，我每天早起，开始去学校的图书馆学习。我们学校的图书馆是新建的，在陕西的高校里很有名，拥有当时全陕西最好的配置，非常多的藏书，甚至连灯都是根据光线由电脑自动调节的。我走到辅导老师那里，把借书证递给他，他帮我盖了个章，我才发现，这么多年，我好像只来过这里几次。那一个早晨，我坐在图书馆里，和很多孩子一起复习，中午吃饭的时候，我还认识了一个朋友，他很喜欢我们学校的图书馆，每天下午放学的时候，他就坐车从临近的学校到这里。他说你知道吗，很多在我们学校收费的网络数据，在你们学校都是免费的，我查论文在你们学校是不要钱的，但在我们学校，一年要好几百块钱。

那天夜里我有些懊悔地坐在那里发呆，后来只要没课，我都会把自己的时间花在图书馆里。后来我毕业，最舍不得的就是图书馆，因为有好多的免费杂志和书可以看，工作之后，再鲜有这样的机会和时间。很多时候，大学是能给一个人最多闲暇而又轻松的时光的地方，你不再有高中时候升学的压力，不再有父母围在身边絮叨个不停的聒噪，这是最好的时光，所以利用这段时间去提升自己才是最明智的选择。

2.

小时候读到《孟母三迁》，总觉得孟母小题大做，真想要孟子有个好的环境，完全可以不让孩子跟周围的人来往，自己的孩子关起来自己教育就好，哪有自己教育不好怪邻居的道理？

去年我住在上海云雾山路的一个小区，那个小区有一所幼儿园非常著名，然后，那个小区的房子就被炒到10万一平方米。我时常觉得不明白，为什么环境对一个人的成长那么重要。为什么有人有免费小学不上，花几十万一平方米去买学区房，为什么很多家长疯了一样要孩子上重点中学？

后来发现，这些孩子在7点多我起床的时候，已经开始列队做早操，早上坐地铁的时候，那些看着只有四五岁的小姑娘，手里都拿着少儿英语，而旁边的大人已经很疲惫地睡去，我这才明白为什么教育要从娃娃抓起，因为一个人成长的时候遇见的人是什么层次，她以后就有很大的可能，变成什么层次的人。一个思维健全的人，不仅要求高品质的物质生活，更需要高品位的精神生活，而你周围的朋友，决定着你的档次。

有一次跟一个家里挺有钱的老板吃饭，问他最近在忙什么，他说在给他的孩子上一个上海著名小学，那个小学是上海非常好的小学之一，一年要60万。我被吓得不轻，我说那学校有那么好吗？那大叔呵呵地笑了两声，然后给我倒了一杯茶，我接过茶，边喝边听他讲故事，"你知道吗？那家学校小学就教孩子打高尔夫。精英教育就是这样，反正我们也不缺这个钱。"

我有点不好意思，似懂非懂地附和说："那倒也是。"

他说："就是孩子不争气，入学考试考得不太好，四处托人也不知道能不能进得去。"

我更加疑惑："上这么贵的学校，还要考试和托关系？"

他说："开玩笑，上海要进这个学校的人太多了。"

我顿时被父母教育孩子的心感动，出来的时候一想，也难怪，谁都希望孩子以后知识渊博，多才多艺又讲道理。

所有的大学都有这样的一幕，一个八人间里，如果有六个同学天天上自习，剩下两个玩游戏的会觉得慌张，然后慢慢地跟着去上自习。而如果大部分的同学在玩游戏，那么，那个孤身学习的不久之后也会玩游戏，很难坚持学习，甚至，去图书馆会被哥们儿笑着骂：装逼。

所谓近朱者赤近墨者黑，确实有优秀学校的学生晚上熄灯还在讨论学术问题，但是告诉你，你肯定会嗤之以鼻。

3.

朋友圈对一个人成长起的作用，不亚于他的家庭教育。

一些朋友跟我在一起吃饭，发现能聊的话题并不多，于是整个吃饭过程就很安静，就算谈话，也是不痛不痒的那种，回去后说起对我的印象，大多是：感觉他这个人很安静，不善言谈，甚至有点拘谨。其实他不知道，在另一张桌子上，我可能话很多，滔滔不绝地说个不停。不光是熟悉的原因，原因是哪个圈子更接受你。

据说大学毕业后五年的高度决定一个人的事业高度，而你五个最亲密的朋友决定着你的层次，一个人就算费尽心思，在这个社会上真正交心的核心朋友不会超过十个。不信你打开手机，看看通讯录和微信，有多少人能站出来交心？不要试图混进不属于你的圈子里，你要做的是升级你的朋友圈，跟更优秀的人做朋友。久而久之，你也会变得很优秀。

这种交朋友，并不是说我们带着特定的目的，而是在生活中发现朋友优秀的那一面，然后找到自己的不足，努力去弥补。毕竟，发现周围朋友的优点，也是一种学习。每个人的人生，年少时候的经历、财富等都不一样，看待问题的角度也不一样，没有一样东西是绝对的，善于发现别人的美，有一天你才会变得更完美。

不要挽留渐行渐远的朋友

1.

前两天看电视上的演唱会，看到郑伊健和陈小春多年之后同台唱《友情岁月》，感动得稀里哗啦。想起小时候看《古惑仔》，逃往台湾的山鸡得知陈浩南有难，从台湾带着一群弟兄回来帮忙，"刷"地一下站成一排，对着郑伊健说："大哥。"两人相拥，音乐响起。

年少轻狂的我们，对这种故事情节，纵然知道是编剧瞎编出来的，却总有从心底里透出的钦佩和羡慕。在众多男生的少年时代，友情一定要升华到一起赚钱、陪你泡妞、帮你打架、无话不谈才能算得上是莫逆之交。那时候总是觉得，所谓好朋友，一定是一辈子的，不仅是现在要形影不离，百年之后两个人也要住在一个养老院，最好能一壶酒、一盘棋，晒着阳光下一下午，这才是真正经得起考验的友情。

如今的年纪再看待友情，总觉得面对友情淡然很多，成年与年少最大的区别，就是能够彼此心知肚明地达成某种默契。

有一年过年回家，接到强哥的电话，高中时代我们是很好的朋友，后来大学之后两个人走散，再无联系，他通过班级群找到别人要到了我的联系方式，听说我在家就一定要出来聚一聚。于是，我们约在学校外的一个小饭馆里吃大盘鸡，看得出，两个人见面之后都很兴奋，彼此说着高中时候那点残存的记忆。

可惜的是，那顿饭虽然我一直都在寻找话题，可是除了对一桌美食的评价和过去的回忆，我们的话题根本没法深入，他高中毕业后就没有读大学，在一家汽车修理公司做修理工。我发现他也感觉气氛有点诡异，并觉察出我真的无法理解他的价值观。我们表面和气，却发现彼此之间开始隔着一堵墙，我们两个人，都远不是高中时候的那个人了。

那天吃完饭出来的时候下了一场小雪，路很滑，我们两个人都安安静静地走着，他提议我们去KTV，我却已经累得不行，然后我们走到高中时候两个人分别的路口，互相挥手告别，后来也没有再联系。

2.

如果你问我一个人的感情在什么时候是最纯粹的，我一定大声地告诉你，是学生时代。

那个时代虽然也有攀比，但是大家都穿校服，一群朋友一起出去吃饭，消费水平也都差不多，接受的又都是同样的教育，大家彼此都有话题。

但后来，曾经下课一起去小卖部的那个形影不离的朋友，高考之后进了不同的大学，很快有了新的朋友、圈子和人生故事。其实，我们都已经长大了，我们有了不同的人生轨迹，价值观也早已经不一样了。

同学会上的一桌人，有人希望能够小富即安，平和圆满，有人心怀大志，辛勤创业打拼，有人则找一个单位娶个老婆过得过且过的人生。

大家的选择没有什么对错，只是多年之后，想要再寻找彼此从前的共同点，其实并没有那么容易。体制内的说体制外的赚得多，体制外的说得了吧，你是光看见贼吃肉了看不见贼挨打，你们的工作清闲又稳定，工作两三年就已经有房有家。结婚的对没结婚的说还是你们好啊，想几点回家就几点回家，多自由？没结婚的笑骂不带你这样虐单身狗的，夜里捂着被子哭我会告诉你？

庆幸的是我们依然有小时候的话题可以聊，聊一座城市的变化，聊曾经钦慕的校花，聊小时候一起淘过的气——逃课打游戏。只是一场狂欢完了坐在出租车里回家的路上，心里却感觉还是有一些难过的。

我坦白说，无论你们怎么聊，都再也回不了过去。

过年时候和一个朋友聊天，他说："我也在找对象了。"我问他为啥突然着急了，他说："和我形影不离，玩了十几年的那个好兄弟，他谈女朋友了，今年五一就结婚了，你们又都不在身边，没有人再陪我浪了。我也该收心了，毕竟也早到了该结婚的岁数了。"

曾经一起玩泥巴的朋友如今娶了妻子，不久之后又有了孩子，每天为孩子哭闹和奶粉钱奔波着，偶尔在朋友圈里晒孩子的九连拍，我们也只能点个赞在下面调侃几句，联系的频率也越来越低，有时候心中泛起失落，但还是应该放下心里的失落，勇敢地祝福，因为大家的未来都有更好的路。

人的年龄越大，朋友越来越难交，很多时候，都是因为我们太贪心。

3.

人生就像几个小伙伴去逛公园，两个人决定去坐旋转木马，于是约好了一起，一曲过后一个想去填饱肚子，然后到草地上休息，另一个可能要去坐云霄飞车，于是大家各奔东西。

没有什么好失落的，不可能所有人都是同一个方向一起走到底，一些人的站到了就下车，又有些人上来，跟你说声你好，两个人聊着天继续前行。朋友的不断更替，是你和我成长的印记。

有车有房有闲钱，你离幸福还有多远

1.

毕业后入职的第一家公司，老板是业内有名的富二代，即使在富豪扎堆、群星闪耀的互联网圈子，我也敢拍着胸脯向你保证，他的财富绝对是众多富豪都羡慕的对象。他的公司屹立在上海最繁华的陆家嘴，每天都可以从这里眺望黄浦江。

那时候的我作为一个初出校门，满怀新奇的职场新人，穿着廉价的运动鞋，怀着对未来生活的憧憬，刚进公司大门，就被停在公司门口的那辆顶级法拉利 F1 方程式赛车挑逗得口水横飞。要知道，即便在豪车云集的上海车展上，对于普通人来说，这种级别的车也只能隔着展台的隔离线拍拍照片而已。而如今，我却每天都可以跟它打个照面，甚至靠上去拍张照片。

而上班不久之后我就得知，在公司的地下车库，停着富二代老板各种颜色的顶级法拉利。作为一个一穷二白的学生，我的人生观被彻底刷新——原来生活中是真的有类似道明寺这样的人存在的，这种人一天花的钱，够我花一辈子的。

那个秋高气爽、阳光明媚的下午，我带着六月到公司的地下车库，指着两排各式各样的名车，一脸自豪，滔滔不绝地给她介

别扯了，时间才不会改变一切

绍着，并掏出手机给她拍照。如果那天我能看见自己的表情，我应该是双眼放光，仿佛这一车库的顶级跑车，都是我的。

现在想起来，那场景像极了《少林足球》里，落魄而乐观的阿星用帮保洁员擦地的代价，换来带着阿梅在高档服装店里，摸一下高档服装的权利。多年之后，每当我看见手机里倚靠着法拉利摆着 V 手型的照片，都会感慨，我们觉得一样东西可笑，是因为那些我们习以为常的生活，在另一些人眼里弥足珍贵。而当对一样东西的喜欢超过了自己的认知，或许每个人都会变成阿星那样的傻小子。

毕竟，对于一个在普通老百姓家里成长起来的毛头小子来说，空谈理想是没有用的，赚钱是毕业后最重要的事情。毕竟从到上海的第一天开始，房租、吃饭、水、电、煤都要钱，而在我从小到大十几年的求学生涯中，虽然我大学花钱大手大脚、毫无节制，但是毕业后还从父母口袋里拿钱，在我的价值观里是不被接受的。

我自认为自己并不是一个拜金的人，可是我却想说，那时候的自己，确实和所有刚毕业的学生一样，每天都在思考怎么赚钱。

因为有了钱之后，你才可以带着年迈的父母出去旅游；可以买那些常人看来奢侈的东西；可以带女朋友去高档餐厅，在烛光和音乐中感受她的含情脉脉浅笑如糖；在聚会上无数女人抱怨男人小气、吝啬、不解风情，而男人空有一腔英雄梦想的时候，你不必为钱再伤透脑筋，只要掏出钱包优雅地刷卡就好，谁不喜欢有钱人呢？

2.

有一天下午开会回来的时候，赵小乐给我在 QQ 上留言，说离职的时候走得太匆忙，过来跟我打招呼的时候我在开部门会，公司里人又太多，散伙饭下周会给我补上。我这才发现隔壁部门那个时常过来调侃两句的同事已经离职了。

我非常意外，因为他平日的业绩非常优秀，怎么看也不像吊儿郎当混日子的人，跟同事细细打听才知道，因为一个工作上的失误，刚好被老总撞见，他被开除出公司了。

那之后我跳槽到了一家新公司，遇见了另一位老板。他是真正的毫无后台、白手起家，野蛮生长般的在商界打拼多年。他其貌不扬，总是穿着一身老旧的灰格子衬衫，辗转于公司的各个部门之间，指导公司的发展，像个有着娴熟经验的老师傅，对公司呕心沥血，总是公司里最早到的，也是最晚离开的那一个，而且他为人低调，除了必要宣传，从来不愿意在媒体上露面。试想如果有一天你在路边看见他，绝不会觉得他是亿元俱乐部里的人。

没错，相比之前提到的高调的富二代，随后，我遇见很多的有钱人，大多生活低调而隐秘。

可是这个大老板，从我工作时候对他的观察来看，他的生活

别扯了，时间才不会改变一切

似乎缺点儿什么。那段时间在食堂吃饭，邻桌的同事会偶尔议论他在某部门对某个同事大发雷霆，然后那同事就被炒了鱿鱼，抑或他会突然制定一系列同事之间的竞争方案，然后同事之间、部门之间，就开始不停地攻城略地、你追我赶，甚至因为业绩"兵戎相见"。

我想说的是，他在我眼里，似乎缺点人情味。

是的，我当然明白，为了促进公司的良性发展，必须保证优胜劣汰，作为一个企业领导者，这一系列举措是为了公司的良性发展。

我只是想说，我非常好奇，一个身价到了如此这般的人，应该已经完全不会为钱而发愁了，为什么会很少看到他的笑容呢？我开始问我自己，如果用他所有的财富跟我用笑容交换，我会不会换的时候，我发现自己动摇了。

这种比较让我对之前的金钱观产生了怀疑，而赵小乐的离开，让我开始彻底推翻自己曾经的价值观。

我并不知道财富是不是真的可以给人带来快乐，但我却开始重新思考"金钱"与"幸福感"的关系。那一天我开始发现：那个高高在上、身价亿万的富豪，看起来却似乎没有我隔壁桌那个每天在办公室里种花种草，整天嘻嘻哈哈，吵着要吃鸳鸯锅的小姑娘有情趣，更没有那个每天下班后去健身房跑两圈，抱着科技新闻不放手的腼腆男孩有意思。

财富与幸福感，可能并不成正比，甚至，有时候可能没有一丁点儿关系。

3.

撒贝宁一次在央视《开讲啦》栏目里对话马云，他问："我想用我的青春换取您全部财富，你会换吗？"

马云不假思索地说："当然，财富没有了可以再赚，青春没有了，就什么都没有了。"

撒贝宁笑着调侃马云"有钱人说话都是一个样"。

后来马云讲了一个故事，那是他一个月工资 91 块钱的时候，知道存几个月工资就可以买一辆自行车，他觉得自己很幸福，那时候的自己知道自己要什么，有目标、有欲望、有冲动、有理想，当然还有付诸实干。

若干年之后，对于马云来说，财富变成了一个单纯的数字，而那些年少时候在北京创业失败、在杭州落魄贫穷但美好的时光，更加令人怀念。

想想这些年的自己，又何尝不是呢？

这些年时常暗自庆幸，凭借自己愚钝却有点执着的努力，又沾了移动互联网风生水起的红利，工作后的几年，日子逐渐宽裕，曾经看起来似乎很遥远，自己不可能拿到的薪水，也并没有那么遥不可及。互联网公司辛苦倒是真的，经常没日没夜地加班也不假，但薪水方面比起其他行业确实有优势，收到工资短信的时候时常会嘴角上扬地告诉自己：我值这个价啊。

只是，比起薪水的增长，幸福感却并没有提升，甚至开始缓缓下落。

还记得大学时代的自己，为了买下自己喜欢而又昂贵的新款电子产品，躲在宿舍里冲泡面过日子，当卡里的钱终于够了，冲进商店买下来的时候，自己那小心翼翼拆包装，一脸欣喜的样子，似乎所有吃泡面的辛苦都烟消云散。现如今，我遇见喜欢的东西也可以毫不犹豫地刷卡买下来，只是，缺少了那种辛苦买来的欣喜，对一样东西的渴望与热情也不再如之前那么高。

现如今看看自己再看看周围的人，似乎自己并不缺少什么，却不知道为什么，性子变得越来越暴躁，做事缺乏耐心，想起那个曾经有些腼腆，被很多长辈夸性情好的自己，顿觉一身冷汗。职场的压力和中年危机把我压榨得焦躁不安的时候，似乎只有工资的增长成了我证明自己的方式，我用收入来给自己安全感的行为，一旦想明白，就觉得荒谬而弱智。

于是开始纠结起自己的生活状态，却发现自己早已经陷入另一个怪圈，叫作除了不快乐，一切都好。

夜深人静时，我也想念那个挤在合租房里期盼着变强大的自己。如同《夏洛特烦恼》里，睡腻了女神的夏洛回到那座旧楼里，被那碗马冬梅为他做的茴香打卤面感动得泪流满面。

4.

2016 年的春节，有一天晚上跟一个朋友聚会的时候，我说："你知道吗？其实我这次回来感觉怪怪的。"

他喝着柚子茶，点了根烟问我："怎么了？"

"中午去表弟家里吃饭，刚刚结婚的表弟热情地给我播放他们结婚时候的录影，电视里的他西装革履地站在舞台中央，在司仪的调侃和打趣声中与弟媳妇相拥而吻。表弟则指着电视里穿着西装的自己跟我说，他们结婚的时候，为了省钱，连这西装，都是用的他做房产中介时候的工装。"

哥们儿把茶水给我倒满，问我："嗯，然后你有什么感想了？"

"然后我就在表弟的房子里四处走动，发现房子不大但很干净，装修不豪华但是很温馨。你知道吗？我发现我特别羡慕这样的生活，我想要一个家。不要大，哪怕一室一厅都够了。"

朋友笑着跟我说："你这哪里是羡慕，你这是离开家久了伤感而已，我带你去南疆找个蒙古包玩个三五天，每天骑马吃肉你过得开心吧？可我要是让你就住在山里一辈子不出来，每天喂马宰羊，一辈子没有互联网没有 WiFi，你还能开心得起来么？"

我摇了摇头，抱起脚下打盹的猫，苦笑着说："你说得也是。可是，你可能没明白我的意思，我是说，漂久了的人，都想要一个家。家不是房子，而是这辈子有一个人陪着你，度过此生。房子是一个象征，家是一种安定的感觉，那种感觉，是不一样的。"

5.

这些年，越来越感觉幸福感的流失。

时常看见狗血影视剧里男生对女生发誓，等我赚到钱了，我们怎样怎样，然后姑娘头一转，一脸娇羞地扑到男生怀里。

我们都幼稚而固执地认为，有钱人才可以幸福，于是我们都努力去提升自己，去赚更多的钱，却往往忽略了身边一直有的点点滴滴的幸福。

真实的幸福。

是晚饭后插上耳机听自己喜欢的音乐。

是午夜刚到收到的老友的生日祝福。

是窝在长长的沙发上读书，被女朋友一遍遍催促着洗澡。

是开车去春风荡漾的山谷里踏青，然后两个人买着廉价的烤香肠，互相擦着嘴巴，把被风吹得一塌糊涂的头发和变形的脸拍成照片。

是两个人一起做一顿饭，吃完后牵手去电影院看电影。

是睡前的那句晚安和额头上的吻。

甚至是，你走下地铁站的楼梯的时候，你等的那趟地铁刚好进站。

幸福是生活中每一次让你微笑的小细节，它一直就在我们旁边，与我们形影不离，和空气和水一样，它是免费的。它对每一个人都公平，它一直躲在你身后跟你玩捉迷藏，而如果你一直怀着焦躁的心情，像要抓小偷一样举着大棒子一脸怒气地寻找它，它肯定躲着吓得不敢出来了。

　　而当你放下棒子收起你的一脸横肉，坐在阳光斜射的沙发上打盹的时候，它才会出来，在你熟睡的额头上轻轻一吻。

　　然后，幸福就在你的脸上荡漾了起来。

别扯了，时间才不会改变一切

第四章

不忘初心，爱久且长

爱就爱了，无所谓公不公平，值不值得，哪怕已成前任，但你要明白，总有些人是你生命的过客，你能做的，就是不忘初心，因为那个对的人，总在下一个路口等你！

这一路险象环生，请先学会爱自己

1.

几天前，一位老乡加了我的微信群，在群里讲她的生活烦恼，困惑自己该不该放弃小城市里一份很稳定但工资不高、和专业无关、甚至有些无聊的工作，去北京打拼。她说她很纠结，每天上班都很不开心，不愿意这样下去，却又担心自己到了北京后浪费了青春，耽误了自己，毕竟，自己已经是一个 32 岁的单身姑娘，相比那些年轻的女孩，她选择北漂所要付出的成本显然要大很多。

群里很快热闹起来，群友关心的问题各不相同，有人问她为何到这个年纪才想出去打拼，有人告诉她年龄不是问题有理想就该出去闯一闯，也有人劝她好好留在家里，不要轻举妄动，毕竟有一个稳定的工作在当今社会也并非易事。她考虑再三后，终于在群里道出了故事的原委。

又是一个俗到家的爱情悲剧。

大学时候的她成绩很优秀，跟前男友在大学里相识，男友家境一般，但是对她一直体贴备至。毕业后，她面临回北方老家还是跟南方男友回江苏的选择。再三考虑之后，她顶着巨大压力，在父母的强烈反对下，跟男友在苏州打拼。这些年过得很辛苦，但她将男友和他们两个人的"家"打理得井井有条。几年之后，男友在家乡小有所成，女孩也到了结婚的年龄，原以为可以安安稳稳结婚，却不想这时候男方父母跳出来反对，认为她家境不好，男生拖拖拉拉小半年，跟她摊牌分手，并很快另结新欢。她在父母的催促下回家乡工作，工作没有什么不好，却因为她在苏州待久了，家乡过度的清闲让她有些不适应，对于未来，她着实有些不甘心。如今，有一个去北京打拼的机会，她还是想去大城市再闯一闯。

故事断断续续地在群里讲完，群里炸开了锅。群友们依然在群里叽叽喳喳地给她出主意，还有人不断地艾特我想听我的意见，我考虑再三，最终加了她的微信私信她，我说："考虑到你的年龄和目前单身的情况，关于北漂，你还是慎重一些吧。"

她回复我："看过你写的一些故事，觉得你是一个很有冲劲的人，我以为你会支持我出去。"

我愣了愣没再说话。

2.

无数人告诉你女人没有最好的年龄，只有最好的心态，他们举例子说，各个年龄层次都有能把生活过得美好的人，从希拉里到撒切尔夫人再到朴槿惠，每一个追求本心的姑娘都能活得有滋有味。他们的话或许没错，可是我还是想说，我认为二十几岁的这几年，确实是一个女人一生中最重要的一段时光，这个时光，在重要的时候一定要抓住。

这段时光，大部分姑娘都会经历大学、毕业、找工作、谈恋爱、结婚、生子等几乎所有重要的人生节点。而这也是一个人脱离父母独立生活并组建新家庭的过程，经历从校园到社会，从经济依附到经济独立，这些改变人生的大事，几乎都是在这短短的几年内发生的。

偏激一点说，这几年，决定一个姑娘的一生。

而这几年，也是最奇妙的几年。

一群 20 岁出头的姑娘，在 6 月吃完散伙饭，打着 V 字手势自拍完，提起行李跟舍友们一个个地告别。她走出校门的那一刻，阳光斜射在她的两个酒窝上，白裙飘飘的背影，未来的一切都是美好的，这简直是除了做新娘外，一个姑娘一生中最漂亮、最值钱的时刻，这之后的几年，她将经历一个女人由稚嫩步入成熟的日子。

偏偏这个岁数的男生，除了有对未来的雄心壮志和一腔热血，几乎一穷二白。绝大多数的男生带着大学里学的三脚猫专业知识到工作岗位上，发现专业知识大部分还给了老师，记住的东西也基本没有什么用，而努力工作、买房、买车、结婚、生子迎面扑来，个个都是最难解的题。

而一个处在金色年华的女生，因为一个吻、一个侧脸、一句

别扯了，时间才不会改变一切

承诺，就放弃家里本来悠闲的公主般的生活，到一个陌生的城市打拼，她所需要付出的勇气和代价，比一个男人要大得多。北漂对一个女孩子来说隐藏着巨大的风险：男生在随后的日子里发奋，十年之后，当他成了某个领域里的专家，有了稳定的工作、光鲜的收入时，女生最鲜亮的时光却已经过去了。这个时候，即便男生打拼几年一无所获，他买张火车票回家，结婚、生子一个也不会耽误，但女生则面临着各种问题：在一起意味着远嫁，很有可能从此远离父母，夜深人静的时候，想家是必然的，万一两个人谈不拢分手回家，除了一个仍然深爱自己的家人和几年的工作经验，她可能之前的所有努力都是竹篮打水。

　　而这个过程带来的风险，是不可预估的。一个女生未来会变成什么样子，很有可能就取决于她选择男朋友的能力，选错了跟随的对象，则可能一辈子受到影响。

3.

　　2012 年的一天，在厌烦了群租之后，我和六月决定重新找房子，换得离地铁站近一点，上班方便，从群租改为合租，这样也能休息得好一些。在房产网站上寻找到了心仪的房子，我们趁着周末兴致勃勃地跑去看，毕竟，在上海，找一个好房子比找工作难得多。

　　房主是一个毕业几年的小姑娘，在上海一家非常著名的游戏公司做行政。她热情地给我们介绍了房子的情况，我们看价格合适、房子也很不错，于是毫不犹豫地交了定金，决定等旧房子到期，就搬过来住。

两天之后，正在上班的我接到了姑娘的电话，在电话里她有些为难地跟我商量，说能不能把定金还给我们，房子不租了。我拒绝了，告诉她定金已经交了，你不能这么不讲信誉。见我咄咄逼人不肯妥协，姑娘挂了电话。

几个小时之后，她打电话给六月，依旧讲起不能再租给我们的事情，并且表示愿意赔违约金给我们，她们约下班后相见。六月打电话给我，我有些愤愤地说："坚决不能让，你知道上海现在一套交通方便，价格也便宜的房子有多难找吗？好不容易找到了，怎么可能她说租就租，说不租就不租？"

"也许人家真的有难处呢？"

我依旧不肯做任何让步，出来打工的谁没有难处，有难处就该克服，也不能这么就被欺负了吧。

几个小时之后，我们在地铁站附近的一家快捷酒店门口见了面。她一脸疲惫地跟我们打招呼，浮肿的眼圈和布满血丝的眼睛，让我预感到事情可能并不是她不想租这么简单。

我们约在一家火锅城里，她才跟我们说起她的经历。

她和男友来自一个南方小城，高考时候成绩都很不错，大学毕业留在上海，一起打拼。相处中却发现男友依旧保留着种种陋

别扯了，时间才不会改变一切

习，一怒之下，姑娘决定分手后搬离一起租的公寓，于是将公寓转租给了我，而最后之所以无法租了，是因为这位前男友在得知她把房子租给我们的时候，翻脸拒绝了她的要求，并将她也赶出了家。由于当初两个人是情侣，租房的合同上是男生签字的，所以男生耍赖的时候她根本没有任何办法，于是，昨天半夜的时候，她被男生赶了出来，提着行李换到了附近的快捷酒店。

4.

周围类似的感情悲剧——女生在陪伴和奉献了数年后陷入被动，在我工作的这些年里频频发生，而要避免这种伤害，最主要的就是该牢记，恋爱中无论多么甜蜜，也一定要保持人格独立，这包括思维独立和经济独立。

网上曾有一个 Excel 图表，介绍男生和女生的两性关系：男生见到一个女生的时候，好感度是处在最高点的；而在和女生相处的时候，这种好感度线是随着认识的逐步深入而逐步减分的。而女生刚好相反，她遇见一个男生的时候，一般都心怀警惕，好感度一般都处在低位；随着男生花费时间陪伴，两人长时间的相处，好感度就会慢慢加分。这就是为什么很多男生刚认识女生的时候百依百顺、百折不挠，分手的时候却往往是女生泣不成声、挽回无力。

女生更容易在一段感情中迷失自己。

姑娘们必须明白，即便你是女生，你奋斗也是为了你自己，为了今后的幸福，而身边的这个人，是一个陪伴你一起长跑的人，你们一起打闹，一起进步，牵手同行，但谁也不知道，未来的路上两个人谁会掉队，除了厌倦、劈腿，还有可能是交通意外，突如其来的疾病，来自双方亲人的压力，或者其他看起来并无大碍的小事。

所以你要做的，是享受每一天。用心去爱一个人的同时，也要好好地爱自己，爱情不是一个女人的全部，也不能成为一个女人的全部。没有男生会喜欢过度黏着自己的姑娘，毕竟度过了卿卿我我的热恋期，总归是要回归到正常的生活里。享受恋爱的同时，千万不要把自己完全变成另一个人的依附，不要让另外一个人控制你的喜怒哀乐。一个人也可以把日子过得漂亮的姑娘才是真的无敌，倾心倾力地爱他的时候，请先像对待恋人一样学会爱自己。

作为一个男人，我丝毫不怀疑当一个男生告诉你，你可以放弃工作回家做家庭主妇时的诚意，我也绝对相信当一个男生看着你的眼睛郑重其事地跟你说出"回家吧，这工作别干了，我养你"的时候，他的真心，而且很多男生确实也是有这个经济实力的。但是，我还是建议女生要保证自己有一技之长，有稳定的收入来源，这句话即便在婚后依然适用。

所有的感情问题一旦牵扯到金钱利益就显得俗气万分，但是偏偏不能不谈，因为保证收入，是稳定感情的重要因素。你的月薪不用很多，但可以让你在双方意见不统一的时候，保证自己的话语权，在发生各种让你无法预料的情况的时候，依然保持独立的人格。

而这，其实并不是最重要的，最重要的是，女性在恋爱期和婚后有一个独立工作的时候，她的思维是跟社会有互动和沟通的，这种忙碌的状态能保证女性有更开朗的性格，在遇见生活挫折的时候，依然保持积极向上的态度，不长期地待在家里，也能够降低婆媳之间发生冲突和矛盾的概率。保证自己有稳定的工作，远不止有一份工资那么简单，女生职场和思维的独立，在两性关系当中，也是一种绝对的吸引。

姑娘，请坚信，总有一天，会有意中人驾着七彩祥云来娶你，但在他到来之前，请学着在哪里摔倒就在哪里爬起来，先做一个自己的盖世英雄。

初入职场，要远离职场恋情

问：

男朋友书生一枚，毕业前夕在一起了，他继续读研，我去上海工作了。初入职场，压力很大，问题层出不穷。

公司一个同事，算是高一级的领导，人超级好，口碑也特别好，单身4年了，烧得一手好菜。经常带公司同事一起出去玩，虽然大我们七八岁，但是外表和心态都超级年轻，孩子气、幽默、能言善辩，业务能力很强。

培训完刚参加工作，遇到很多问题，心态一直在调整，他帮助所有人，不止我一个，但是我能感受到他对我格外的好。

后来他说他喜欢我，我对他不讨厌，而且我很佩服他、欣赏他，但是公司有规定，内部员工不许恋爱，尤其是上下级，而且总经理今年特地叮嘱他，不许他和这一批小孩子谈恋爱。

他在工作上帮助我、指导我、鼓励我，工作之外帮我减压、陪我散心。他牵了我的手，我没有拒绝，他抱我，我也没拒绝，他像个孩子一样地吻我，我也没有拒绝，我不讨厌他，我也说不上很喜欢他，我很清楚我舍不得他的体贴和关心。即便我工作压

别扯了，时间才不会改变一切

力这么大，内心烦躁，我也从不和男朋友或者朋友说，因为我知道说了也没用，他们无法体会，我何必吐槽。

他知道我有男朋友，昨天被同事发现我们俩在一起，我不知道怎么办了。他说他的爱情观就是，自己喜欢的人开心、幸福就好，他不希望这件事让我受到其他压力，工作受影响。我和他坦言，我和他不可能，我不能离开我男朋友。他有些难过，但是他愿意和我在一起，即便以后我离开了这座城市，他说这是他生命里的一段记忆，人生该如此。

如果没有类似经历的人，估计看完会吐槽我，我不离开我男友，是因为我知道他真的是最适合和我一辈子的人，虽然刚在一起两个月，但是我很坚定。

这个他很负责，很 Man，工作上不会偏袒，私下里体贴入微，我确实舍不得。我该怎样处理这样的关系，希望有类似经验的指导，谢谢！

答：

姑娘，你大学毕业，刚入职场，这个年纪，说是一个女人最光鲜的年华，并不夸张。你背着男朋友跟上司搞在一起，其实算不上什么太大的事，更何况你和男友只是校园恋情，目前又是异地，这上司目前也光棍一根，上扯不上不忠贞，下扯不上婚外恋，无非就是少女按捺不住寂寞劈了个腿而已，这其实真没什么大不了的事情。多年之后想想，顶多算王菲《匆匆那年》里唱的：你们要互相亏欠，你们要藕断丝连。

我发愁的是你的态度。

特别好奇现在的孩子，明明知道毕业没两天了，偏偏要来一场恋爱，昨天校园告白完答应了男友，换套职业装上了职场就跟上司热恋起来。好吧，我孤陋寡闻，你们这个时代的男男女女都这样，可是看你的描述，男朋友你只介绍了是一介书生，到上司这里，赞扬多得可以上 CCTV《感动中国》。我略微替你的男朋友感到不值。我想，你在接受他告白或者对你好的时候，应该也是觉得这个男孩子不错，可是，我看了通篇介绍，我发现我竟然对你男朋友一无所知。

呵呵，说你什么好。

你是个逃避型人格的女生，目前看起来，你一直在强调客观，为你的劈腿找各种理由，可是，我想说，如果这三个人排名，错最大的那个就是你。倒不是说你刚到上海就跟上司纠缠，而是你到今天这一步，依然都没有跟你男朋友坦白。

也就是说，这场电影演到这里，他依然被蒙在鼓里。

好吧，我们先说说你上司。

职场上要小心 30 岁上下的男人。这时候的男人，刚刚度过了物质匮乏期，对感情也还没有一个完整的认识，有很多家庭没有稳定或者面临其他很多问题，可以说这是在未成年那个时期之后，第二个最容易误入歧途的年纪，而偏偏，事业略有小成的他们，很难用平和的心境去看待感情，而如果有点儿权势，可能会更危险。

在上海这个城市，但凡正规一点的公司，大多都会有校招，每年都会接触大量的毕业生。这些毕业生，从几百万毕业生中脱颖而出找到一份工作，对未来的职业颇为期待，所以对工资并不太在乎，进了公司大多也认真踏实。这时候上司要有点小想法、小动作，女生其实很难把持住。无非就是你不会的时候对你耐心一点，你犯了错误帮你挡挡刀，业余吃饭的时候给你点破点办公室政治，告诉你要明白自己是谁的人。你刚进入这个环境，对所有人都很陌生，而他平时工作中总会给你点小恩小惠，所以你很容易对这个男人产生依赖感。

可是职场有句金玉良言：单嫖双赌，不搞下属。

这句话有点糙，但道理通俗易懂。

办公室恋情里，和女下属有瓜葛是风险很大，性价比很低的事情。俗话说瓜田不纳履，李下不正冠，真正聪明的人为了避嫌，对这种躲都来不及，一般跟下属搞在一起的上司，不是情商低就是智商低，因为这是最容易阴沟里翻船的，无论是动了真感情或者只是随便玩玩，都很容易死。

怎么对你好，业绩激励的时候把你推上去，你当你同事都眼瞎吗？和你一起进来的实习生，工作能力比你强的最后看着你涨工资，你觉得这事最后会怎么办？

你知道为什么他不去找那些和他年龄相仿的女同事而是找你们这种小姑娘吗？因为他这种人，在他那个岁数是没有姑娘愿意理的，毕竟滥用职权这招太下三烂。

可是姑娘你却觉得他满身光环，你知道为什么吗？因为你年轻，业务能力也一般，你自己承认了你很笨，可是他对你很好，你可能还有点小女生的虚荣心，觉得在职场搞定了男上司自己从此高枕无忧。

呵呵，从这一点，我就看出来你确实是真的笨了。他早就看透了、吃透了你这一点。而其实他真的不如你想得那么好。总经理千叮咛万嘱咐不要跟这一届谈恋爱，他倒是义无反顾，说明他有前科。这么说吧，一般公司里，跟下属勾搭，搞地下恋情，在保证业绩的情况下，不要做得太过分，老大们大多会睁一只眼闭一只眼的，谁都想多一事不如少一事，可是他被嘱咐了，那么之前肯定是有精彩故事的。

其次，在明知你有男朋友且已经告诉他的情况下，依然穷追不舍，还接了吻，说明这男人其实是缺乏道德感的。这些事情，就算他有千百个情不自禁，也是要等到你们分手后再说的，这样迫不及待，十有八九这人不怎么样。

但凡混得不是太差，请你吃个饭，买买礼物这种事情，搞定你这个年龄的大部分姑娘，是没有太大问题的。因为你没见过世面。嗯，校园里的男孩子一个月 1500 块钱的生活费，能给你买一瓶香奈儿邂逅就相当于把自己卖了。而职场上的男上司，带你逛个街、吃个饭、看个电影，在南京路 Apple Store 刷台 iPhone，剩下就是你家我家还是如家的问题了。

于是无数姑娘奔着杜拉拉升职记去的，一觉醒来发现自己只是演了一场杜拉拉生殖记。

可是姑娘你知道吗？在禁止办公室恋情的公司，恋爱双方必然会走一个的。只是他这个人品，你觉得他会牺牲自己保全你吗？到时候哭的就是你了。你以为他不挑吗？他找的就是那种性格软弱、善良，有点小情感，工作能力不强的姑娘啊。

真遇见一个工作能力强且性格泼辣的，在职场还不给你搞个鱼死网破？相反你这种性格，公司真查起来，你觉得不好意思，自己就离职了。至于他，铁打的营盘流水的兵，明年还有校招不是么？

再回到你男朋友。

其实这个岁数的男生，挺可怜的。到了赚钱的年龄，依然在读书，对女友，往往是给不了更多的，哪怕心里想给。故事发展到这里，你们又是异地，感情的破洞只能越来越大，我劝你不如大大方方挑明了分手，总好过他一个人天天在宿舍里想着你看"绿巨人"。

你上司这边，你大可随意，反正已经是这么个状态了，你俩的结果可能算不上好，不过你还年轻摔个跟头也算正常。

至于他的那些承诺和爱得死去活来嘛。

呵呵，你竟然相信！

认真对待感情，经历没有输赢

1.

过年回家的时候，高中时代的好朋友开着车带着我去逛街，在车里聊到高中时候的朋友，我说："那你现在还跟谁有联系啊？"他笑着跟我说："吴刚，你还记得吗？"

我说："怎么会忘，就是高中时候跟芳芳谈恋爱，老师请家长怎么折腾也拆不散的那个嘛。"

他面无表情地开着车说："嗯，他俩离婚了。"

"怎么可能？他俩那么好，怎么会说离婚就离婚？"

"可不是说离婚就离婚？难不成还要请示一下你？"他看我惊诧的样子，有些无奈地笑了笑。

"不是啊，他俩为什么啊？总不能无缘无故就离婚了吧？"

"我也不是特别清楚，貌似是刘芳芳出轨了。离婚前还发了个微博，说怎么找吴刚这样的，以她的条件应该有能力找个更好的啊之类的，被吴刚的一个表妹看见了，截屏发给吴刚了。"

我越听越匪夷所思："她不是挺正经一姑娘吗？怎么变成这样了？"

"正经？高中时候咱们谈恋爱谁不正经啊？别说你从外地回来的都这么吃惊，我们这群朋友哪个不觉得吃惊啊。你也知道吴刚那个性格，本来就挺内向的，结果这离婚之后一蹶不振。哎，所以说这年头，动什么别动感情，认真你就输了。"

我有些失望地坐在车里，不再说话，社会真的是个大染缸，关于爱情，听了越来越多认真就输了的故事，那么，我们还要不要认真呢？

2.

工作第一年的中秋节，公司发了 300 块钱的哈根达斯代金券。她在 QQ 上跟他吐槽："真搞不明白为什么不发点实用的礼品，发这种福利，采购部不知道吃了多少回扣。"

他在会议室开了一天的会，回到位子上看到消息的时候早已过了下班时间，阖家团圆的日子，大部分的同事已经匆匆离开，角落里零零星星地坐着两个加班的人。他手指飞快地在键盘上飞舞着："挺好啊，你不是一直说想去吃哈根达斯吗？"

消息还没有发出去，就发现她的头像早已经变灰。

回到家的时候，她说她把代金券卖了，公司里有人 7 折现金收，"200 块完全够搞定咱俩的中秋节，交给我。"她一脸得意，信誓旦旦。

最终，她用这 200 元在网站上团了一个湘菜馆的牛蛙套餐，两杯 85 度 c 的蛋糕和奶茶，两张电影票。牛蛙满满一大盆，还送一扎酸梅汁，小姑娘一口藕片一口酸梅汤，辣得眼泪都出来了。他从兜里掏出餐巾纸，给她擦嘴，然后把围巾绕在她脖子上。她却盯着手机屏幕，拉着他飞奔："时间还早，咱俩逛一圈，刚好还赶得上电影。"

两个人路过南京路的班尼路，打折柜台被挤得水泄不通，她挤进人群里，过了半晌又从人群里挤出来："两条 160 块！看着质量不错。"说完，一脸骄傲地对着他眨眨眼，把身上的包递到他手里，然后又冲进了收银台的排队长龙中。

眼看电影就要开演，她提着购物袋，牵着他的手在步行街狂奔起来，路过街边的哈根达斯，阳光斜晒进餐厅，一对对男女优雅地坐在里面吃着冰激凌，她说："你说，花这么多钱吃两个冰激凌球是不是有病？"

3.

他俩住在龙阳路附近的一套复式住宅里，屋子被一名在读研究生身份的精明二房东分割成五户，生活着十多个人。他们的那间是楼下的一间 12 平方米的小卧室，屋子里只有一张双人床和一个老式的写字台，床边的收纳箱里放着叠好的衣服，她把晾干的衣服拿出来，一件 T 恤一条裤子一条内裤的摞在一起叠好，他早晨起来的时候随手拿起来一套就可以换着穿。桌上有一个圆形的金鱼缸，是他俩逛花鸟市场的时候买的，但他们天生不是会照顾别人的人，买回来的第二天鱼就死了，她把鱼缸洗干净，用来放大米，虽然不好看但是颇为实用。

隔壁的大卧室里住着一对安徽情侣，女孩开了一家淘宝店，每天早晨去七浦路的批发市场里扫货，批发些衣服回来卖。一个不到一米六的小姑娘，扛着装着十几条裙子的大箱子上六楼，连拖带拉地把货物拖回屋里，下雨的时候就躲在屋子里给服装拍照，她把音响开得很大，一有顾客咨询，就会有淘宝旺旺的声音。

"嘀嘀嘀。"

有顾客订了货就叫快递来收货，只是很长一段日子里，快递来得并不勤，生意似乎一直不怎么样。

女孩的男朋友长得蛮帅，个头比姑娘高出一个半，但应该没上过大学，他的工作不是很固定，周末的时候站在家乐福门口促销洗衣粉，有时候在地铁站发美容美发的传单，干得最长的工作是在一家保险公司卖保险，穿着廉价但熨烫得笔挺的西装，几次下班的时候撞见他，都会有些腼腆而客气地互相打招呼。

然而男孩的脾气并不如他表现出的那样好，三更半夜里时常听见两个人吵架的声音，两人互不相让，然后是女孩被扇耳光的声音，女生大哭的声音，女孩的头被撞墙的声音……

他俩在这屋里越听越害怕：哎，咱们要不要报警？

再后来习惯了，毕竟女孩子不愿意离开，人家的事，没求助你你也就只能少管。

曾经他喜欢坐在马桶上看小说，但因为屋子里人太多，往往不久就有人敲门，乌云盖顶地说你要快点，抑或前边上卫生间的那个人抽烟，满卫生间烟雾弥漫，下水道堵着脏兮兮的卫生纸。

总之，那两年好像没什么难得倒他俩。

可是这一次，他们终于决定搬家。

那天两个人都累了个半死才回家，在地铁口遇见，相互抱怨着各自的工作烦恼，用钥匙打开门，却看见厨房门口一大群人在等灶台，那种连吃饭都不顺心的烦躁，让他把买来的菜扔进冰箱，拉着她说："我们出去吃吧，今天我请客。"

两个人一前一后地下楼，"去吃肯德基还是去吃麻辣烫？"他说着，若无其事地转过头，却发现她哭了。

"我们搬家吧，我真的不想再在这里住下去了。"再美好的生活，也在这资源掠夺中尽数耗尽。

4.

据说无数北漂青年最怀念的，往往都是群租时候艰苦的日子，多年后想起那段时光，还会觉得那是两个人经历的一段颠沛流离

别扯了，时间才不会改变一切

的旅行。

那一年两个人均跳槽进入新公司，一点一点地加薪，看着周围的情侣，一对又一对的分分离离，好在，这么多年折腾过后，两个人还在一起。

那一年他们两个人都拿着 2000 元的工资，曾觉得 5000 元工资遥不可及，有天两个人下班一起回家的时候做了一个约定，谁能够拿到 8500 块钱的工资，就努力上班，另外一个人就辞职在家全职照顾家庭。多年之后再看这个约定，觉得幼稚而有趣，纵然两个人的收入都超过了原先定的指标，可在这座城市里依然只能苟延残喘地活着。

这些年来，他们搬了若干次家，从十几个人合租的样板间到如今这个简单的一室一厅，他们相互陪伴却不离不弃，走到哈根达斯专卖店的时候时常开玩笑，当年吃个冰激凌都抠抠搜搜的，是不是有点傻？

这些年，眼看着很多人受了爱情的伤，很多情侣被"门不当户不对"的观念拆散，很多男男女女因出轨、劈腿或婆媳关系闹僵，当年懵懂的男生和稚气的姑娘变成渣男和绿茶婊，关于爱情，有多少人敢认真？

只是，有时候正是因为感情中容易受伤，真爱难寻，追求一段好的爱情才有意义。不管那个人是贤良也好婊子也罢，你都不可否认，那个人教会了你蜕变，教会你改变不完美的自己，你愿意付出，肯为了他／她去认真努力。

感情向来不是学来的，所有的对错是非，都来自于经历。不要害怕，认真的人确实容易吃亏，也容易受伤，但不忘初心的人，总是更容易幸运。而一段感情就是一段经历，不管两个人最终是否走到了一起，大家都应记得，我们曾努力为彼此改变自己。受伤的人觉得生活中所有的事情都是一场你死我活的比赛，一场硝烟弥漫的战争，甚至成了赌徒们买定离手的狂欢。两个人的较量是不动声色的，谁先动心谁就输了，谁付出多谁就是 Low 逼。在爱情里付出感情的、认真的人永远是傻瓜，而这场游戏的赢家，永远是那些享受着关爱却不主动、不拒绝、不负责的人。

但这种人对感情的看法，大多都只是暂时的。爱情是一场经历，那句"认真你就输了"，并不知道源自哪里，也许一个人受了很大的伤，才会写出这么对别人和自己都不负责任的话来。但是，爱的最大神奇，就是拥有很强的自愈能力，自古至今，爱都是件美好的事情，能让原本千篇一律、毫无活力的生活瞬间开出花来，能让原本黑白色的生活变得色彩斑斓。

也许我们该暗自庆幸，幸亏持这种观点的人，只是极少一部分人。渣男与绿茶婊终究是少数，绝大多数人的内心里，还是想要做一个好人，这是人的本性。

谈恋爱这么美好的事情，你是在学艺，所以请不要在乎输赢，也请你相信，也许你在受伤之后，觉得爱是最冰冷的杀人武器，但大多数时候，爱还是个温柔又害羞的人，它最大的作用，是让你放下对一个人的戒备。它是一面镜子，你对它掏心掏肺，那你最终会遇见的人大多也是认真对你的人；而如果你最早的心态就是玩玩而已，那你最后都仅仅是在玩自己。

那么问题来了，你配得上怎样的爱情？

对于世上绝大多数人而言，爱情依然是苦难人生中遇见的最美好的事情，它让两个没有血缘之亲的人，变成一生一世的亲人；爱情也是一个人一生中最重要的事情，它让那些使你辗转难眠的痛苦，都化成盔甲融进你的皮肤里，让你变得刚强，帮你抵御今后可能遇见的寒风，让你在绝望的时刻，看见黎明。

5.

2016 年第一天到来的时候，她跟他许了一个愿，她说想跟他去趟乌镇，那是上海周边的古镇，她说希望我们能放下工作，坐在一起喝一壶茶，说说新一年的计划，不要过度沉溺于工作。他突然想起，这乌镇之约，居然从夏天许到了冬天，他说，我下周一定陪你去。

他们都怀念刚来上海的那一年，那时候，他们拿着微薄的工资，穿着廉价的帆布鞋一起去上班，然后两个人手牵着手去买菜，下班的时候路过 85 度 c，买一杯海岩奶绿和一块黑森林蛋糕，两人一起吃。

我们都知道，那些夕阳下散步的日子，才是最好的时光。而不管你曾有过怎样不堪回首的经历，都该记得，结局始终都是美好的，如果不是，那就说明，还不是结局。

别扯了，时间才不会改变一切

比"让前任后悔"更重要的事

总有一天，你会对着过去的伤痛微笑，你会感谢离开你的那个人，他配不上你的爱，你的好，你的痴心，他终究不是命定的那个人，幸好他不是。

——张小娴《谢谢你离开我》

1.

如今在互联网上，吐槽极品前任似乎已经成了一种风潮，两个人在一起的时候有多两情相悦，分手后就有多恨不得对方死无全尸的意味。刷了半小时微博后，我发现这世上渣男无数绿茶婊遍地，人们失恋后的心态都变成了：只要你过得没我好。

微博上讲到了生活中情商高的几条表现，其中有一条是，当分手已成定局的时候，平静接受。珍惜爱你的人，分手后不说对方坏话。

我开始回忆我自己，发现我确实属于情商低的那种，在被分手的几次恋爱里，我大多不够平静，就算我自己也在内心里告诉自己不要再纠缠，但大部分分手的时候，还是会在深夜难受地打电话。看样子，要做到这一条，确实不容易。

我也一样很屌丝，即便知道分手已成定局，但还是会一遍一遍地告诫自己，要努力活出个样子，这样才能在街角偶遇的时候，让那个曾经放弃我的人后悔不已。

可是我自己也承认，"让前任后悔"这想法真心 Low。

2.

有一个男孩，六岁的时候，因为老爸跟家里人产生了一些矛盾，他被老爸带着从农村搬出来，住在繁华城市里的贫民区里。为了生计，他非常勤奋努力，后来，终于找到了一份电视台的工作。更为幸运的是，他找到了一个深爱自己的女朋友。为了能让女朋友过得更好，他利用闲下来的时间在演艺训练班里训练。由于拍摄需要，他经常练习打戏，需要不断翻跟头，训练很苦，也很封闭，他跟女朋友常常好几个月见不了面，但他想到女朋友的时候，总觉得自己特别幸福。

有一天，他的女朋友打电话给他，说咱们好久没有见过面了，你今晚别训练了，我们出来见见面啊。于是他向训练班请了假，去见女朋友，他的女朋友把他带到山顶，对着山下灯火通明的城市说："我们分手吧。"

对很多男生来讲，最无法忍受的是这种突如其来毫无理由的分手，男生苦苦挽留，但是没有什么用，女生决绝地离开了他。他一个人走到山下，坐在一辆人不太多的公交车里，眼泪不争气地流。回去之后，他把所有的精力都放在工作上，最终，他的努力和勤奋被别人发觉，因为那次失恋，他获得了第一次当男主角的机会。

这个男孩，是受到无数关注的优质偶像刘德华。

第二个故事，也是一个男生的。

他毕业于国内一所顶级的大学，毕业的时候，他有足够的资本考一个不错的公务员，和其他同学一样过上衣食无忧的日子，但他偏偏放弃了很好的机会，瞒着家里人说自己考上了公务员，跑去中关村卖软件。他母亲感觉出异常，终于有一次，母亲在没有通知他的情况下飞到北京看他，他才坦言自己一直在创业。在那个年代，那种教育背景下，做出这样的选择可以说是匪夷所思，不久之后，女友的家人知道了这件事，女生迫于压力与男生分手。

这个男生，是如今娶了奶茶妹妹，天天上新闻头条的京东商城的 CEO 刘强东。

曾经我看到这两个故事的时候，跟很多人一样，我认为刘德华的初恋女友和刘强东的初恋女友，若干年后看到今天成功的他们，应该肠子都悔青了。比如龚小京，不知道她如今看着媒体上频频曝光的奶茶妹妹的时候，是一种怎样的心情。

直到后来，我慢慢明白，其实她们不会后悔，也不该后悔，就如某天在知乎看到的另外一个故事，它同样让我很有启发。

在一所大学里，一个男生喜欢一个女生，女生虽同意和他恋爱，却暗恋学校里的篮球队长。终于，在一次约会中他醋意大发，女生放弃了家庭条件非常不错的他，选择了跟篮球队长在一起。他特别难过，分手之后，他发奋努力，考入了浙江大学的研究生部，而女生成了理发店里的一名学徒，与月收入 3000 块钱的篮球队长结婚。若干年后，女孩身患乳腺癌，为了治病，与男生联系上，男生介绍了一个优秀的医生给她，两人再度见面，如他所愿，她过得不好，依旧为一份月薪 2000 的工作奔波，住在廉租房里。他认为，受尽了苦难的女生一定会万般后悔她当时的决定。直到他看见朋友圈里她们的全家福，两个人依然相濡以沫，并有了要二胎的决定，他突然意识到，她根本不可能后悔，爱情这种东西，不合适就是不合适，与你是否成功，是否飞黄腾达完全无关。

爱情其实是件很奇怪的东西，你年薪千万，手下有员工数千，你健身，你读书，你爱好广泛，玩单反，爱旅游，你身材高大壮硕，你烧得一手好菜，喜欢一切美好的东西，你高学历，家底丰厚。可惜的是，有时候，在她的眼里，你比不上那个差你十万八千里的他在晚上睡觉前的一声晚安和一个吻。

不是你不够优秀，不是看不到你的努力，只是很抱歉，她的眼睛里，有他。

那感觉就好比你在商场看上一双鞋子，价格合适，穿着舒适，样式也如设计师专门为你定制一般，偏偏，你是 37 码的脚，商场却只有 38 的号，你怎么喜欢都没用。你能说怪这鞋不好，还是怪脚小了？

那些所谓的后悔，不过是你一个人肆无忌惮的臆想。这种故事，在无数的影视剧里被描绘出来。

3.

《中国合伙人》里，奋斗多年后，成功的成东青在电梯上遇见了多年前分手的苏梅。此时的成东青已经成了留学教父，而当年那个放弃了成冬青的苏梅，正忙碌于照顾孩子，那镜头一闪而过，却让人印象深刻。多年之后，成冬青面对苏梅时依然是有些迷茫的，事实上，无论他多么成功，也注定换不来苏梅的回眸一笑。

王阳则在电影里对他的学生说："如果一个姑娘要离开你，不要试图去挽留，否则，她会像对待一个行李一样对待你。"

无数恋爱经验告诉我们，王阳的这句话算是感情真理，用尽力气去挽回的爱情注定是失败的，大部分会以失望的结局来回馈你，就算你翻山越岭追她回来了，恐怕那恋情，也早已经变了味，那个人都已经不再是当初的样子了。

4.

谁都有过不甘心，因为害怕，怕自己的价值不被认可，怕自己的掏心掏肺被毫不在意地遗弃。所有的辗转反侧孤枕难眠，都成了心口上压着的一块大石头；所有半夜醒来时的孤独、倦意和恐惧，都成了那场失败恋情的后遗症。

离开的人，就像再也不会亮的灯，你想修好它，可它连灯丝都烧黑了，你只能将它从灯座上拧下来，放在旧报纸里扔出去。从此，再无挂念，心中剩下的只有那天初见它时的美好，毕竟，更多的人，会就这样突然在某个瞬间消失在我们的生命里，从此杳无音讯。

多年之后再相遇，我希望你过得好，也希望自己过得好，我们相视一笑，感叹对方如今的样子，并希望你心里能永远记得我笑容洋溢的样子，在某个午后晒着太阳的时候突然想起我，然后心里默默地说：未曾后悔过，曾跟你在一起。

无论那些出现在我们生命中的人，多年之后是平凡无奇或者是星光闪耀，这都不重要，重要的是，经过了他们，我们才变成了未来要成为的那个人。

就如同，那个留下的人，教会了我爱，而那些悄悄离开的人，教会了我成长。

写给缺爱又敏感的你

1.

周末听棉花糖的台北演唱会，小球在台上唱《2375》，因为是整场演唱会里的最后一首歌，所以她跟歌迷碎碎念地哭诉了很多事情，说起自己一路成名的经历，说自己是单亲家庭的孩子，觉得自己渺小，从小被欺负，而她身边的很多朋友，即使父母没有分开，很多也很不幸福。

年少时候的我总是不够自信，甚至在初高中叛逆期很长的一段时间里，我都心态极其阴暗地盼着父母离婚。我父亲兄妹六个，母亲姊妹七个，所以，他们两边都热衷于把更多的时间花费在各自的家族上，两个人都要做整个家族的救世主，偏偏自己的家无暇顾及，并且这种照顾转变为争权夺利，简直就是《红色警戒》里狂建采矿车掠抢资源的苏联和美国。这让我成了一个名副其实的受害者，很长的一段时间里，我对父母的这种争斗深感绝望。我眼中的家，应该属于我、爸爸与妈妈，而他们为了他们各自的家族，忽略了我们三个人的家。这种痛苦一直伴随着我，直到我高中毕业离开家远行才逐渐缓解。

后来某日在《ONE》上读到了荞麦的一篇《亲戚们》，我才猛然发现其实不必纠结，因为大部分的家庭都有本难念的经，你看到的和谐美满，都是经过包装和修饰的，哪怕父辈们是有文化的一代，他们也很难处理好家庭里的问题。

父母一辈习惯了抱团取暖，通过这种互帮互助表现血缘关系，独生子女们很难理解他们那个时代的感情。我们更倾向于独立自主，却容易被他们看为自私自利，父辈们遇到了困难大多选择找亲戚借钱，而如今我们缺钱了，会直接通过信用体系跟支付宝借款，利息完全按照约定，也丝毫不欠人情。

这种差异更为明显地体现在两代的家庭教育上，父辈们对于两个子女的教育，大多倾向于"你是哥哥姐姐，所以你要让着弟弟妹妹"。而80后们受了这句话的苦，更多地倾向于在两个孩子之间尽量地维持公平。

当然，我至今依然认为，父辈们一旦玩起了甄嬛传，远没有他们眼中的孩子这一辈成熟，而且这事跟年龄的大小根本没有关系。

成年之后我关注了很多心理问题的专栏，才知道有一种状态叫童年时代缺爱。据说缺爱症每个人都有，只不过有些人表现的强度大，有些人表现的强度小而已。我们性格中的很多弱点，都与家庭有着极其重要的关系，比如父母的文化素质不高，意识里觉得表扬孩子是会令孩子骄傲的，所以很少有表扬，导致孩子长大后，记忆里鲜有父母对自己满意的事情，性格也更加阴郁。

我在成年之前，时常觉得自卑，遇见事情的时候习惯听从父母的意见，不愿意承担责任，这种模式进一步导致我对父母过度依赖；而父母，也会过度干涉我的生活，他们在我遇见重大问题的时候帮我做决定，并且指责我缺乏自理能力。

长此以往，即便在感情中，我也变成了一个敏感又自卑的人，恐惧别人对我好，一旦有这样的人我就拼命地回报，并且开始期待更大的回报，整颗心像一个无底洞；若对方没有按照自己预想的情景做事，自己就开始怀疑自己，无休止地患得患失。

这种状态持续了很长一段时间，许多年后我想说，这些家庭教育缺失导致的年少时代的品格缺失，都是职场与感情交往中的大忌，好在我在上心理课的时候关注到了这方面的问题，开始学着在职场承担责任，这一过程是有些痛苦的，就如同你害怕一样东西，却必须硬着头皮迎难而上。

许多年后，我时常在网上收到各种各样的私信，讲述各种家庭的不幸福，我试图去帮助他们，但我发现这样只能引来更多为此而烦恼的人。我想说，大家首先要明白的是，如同每个人都有缺点一样，很少有家庭是完美的，而我们有时候需要正视哪些是自己的问题，哪些是父母的问题，哪些是家庭共同的问题。我们很难去改变一个家庭，甚至有时候会发生"全世界都可以理解我，唯独家庭永远站在我的对立面"这样的事情。

所以，找个机会安静下来，在遇见问题的时候多一些反思，去重新认识自己，并接受自己不是一个完美的人这个事实。

2.

自信的建立是一个长期的过程，最好的解决办法就是，对自己可以预见的事情，做比较完善的准备，比如工作中一个重要的演讲，假如即兴发挥，上台之后你可能就傻了，但是如果你提前两周就开始准备，去网上寻找优秀的发言稿，并模仿它们进行写作，找朋友帮忙修改后把它熟练地背诵下来，在家里对着镜子一遍一遍地练习，甚至把观众可能提到的问题都列出来，试着自己做回答，那么其实你演讲的时候不会过于紧张。另外，工作中的很多事情都是熟能生巧的，这类的工作，不要怕自己错，要一遍、两遍、三遍、四遍地做，总会有熟悉的时候，一旦熟悉了，很多看起来很难的事情，你会发现也不过如此。

至于两性关系中的自信，我们首先要明白的一条定理则是，**安全感这种东西靠别人来获得，永远是不能长久的**。两性之间的良好关系靠的是双方无条件的信任和双方所能建立的吸引，这意味着一个人要想在两性关系中获得优势，需要不断地提升自我，同时你选择的另一半必须跟你方向一致，这两项都是缺一不可的。而这两项里，只有提升自己是你可以控制的，两个人的同一方向，事实上依靠双方的磨合，也就是我们传统中说的缘分。两性关系中，破裂才是常态，坚持走到最后白头到老的，都是因为感情双方都处在一个舒适区。

明白了这些，你就能知道，表白被接受并不意味着安全，在一起也并不意味着安全，甚至结婚也并不意味着安全。真正的安全应该是彼此信任下的心心相惜，能以平和的心态看待分手，你要努力去明白，一个人的离开可能并不是因为你不够好，也许是因为两个人不合适，有时候甚至是因为他 / 她不够好。

对于感情，不必过度敏感，要有平常心，适度敏感是好事，但是过度敏感则不是，我们需要运用好这种敏感，同时明白这可能是一个弱点，也可能是一种优势。所以我们要在工作和生活中，增加钝感力。在遇见事情的时候，不要过度关注其他人的情绪，并把对方的喜怒哀乐跟自己挂钩，你只要学会控制自己的情绪就好了。

改变环境对绝大多数人来说基本是不可能的，我们能做的仅仅是改变自己，接受环境，并且通过自身努力去影响环境。缺爱能让我们更理性地看待爱，敏感则可以让我们更深刻地理解生活，这些东西运用得好，是能够创造巨大价值的，让我们在追寻自己的路上，比别人看得更深刻。

那个因为你穷离开你的女生

1.

某天看到了一个帖子：一个女生跟一个经济条件很差的男生谈了一场很长的恋爱，分手的时候觉得筋疲力尽，她感觉受够了那种约会抠抠搜搜、出去逛街不敢吃西餐、一买衣服男朋友就黑沉个脸的日子了，于是她在心里暗暗发誓：下一次谈恋爱，一定要找一个经济条件相对好的。

可是心中产生这种想法的时候，却又觉得怕怕的，似乎自己变得势利了，曾几何时，她坚持爱情就是爱情，跟金钱、名誉、地位都毫无关系，而现在这样，似乎爱情变得不纯粹了，她对爱情的态度有些迷茫了。

看到这个帖子我在下面回复她，大致的意思是说：在其他条件大体相同的时候，女孩子应该找一个经济条件更好的男朋友，不要因为心软而去同情家境弱的那个，小心耽误了自己。

我的回答很快引发了非常激烈的讨论，很多网友表示赞同，也有网友抨击我，说王远成就是那种看起来三观奇正，骨子里三观奇歪的人，专门教唆涉世未深的小姑娘，还有人在帖子下面留言讽刺我：对不起，是我家庭条件不好，我有罪，我该死。

2.

可是坦白说，我至今认为，这个观点没有丝毫的问题。

就如同我从未觉得北上广就代表奋斗，小城市就代表不思进取一样，我从不觉得嫁给有钱人就幸福，嫁给穷人就痛苦。中国人的思维中，恋爱这东西讲究门当户对，什么层次的人跟什么层次的人在一起。但是如果你是一个男生，我还是想多说两句。

长大后慢慢明白，有一个不争的事实是，在男女双方的爱情博弈里，女生天生是弱势的那一方。网络上到处是一夜情后男生消失的故事，现实中无数姑娘挺着大肚子做人流害怕家里知道，所以连个陪的人都没有，就算你是个还算有血性、坚决对女生负责到底的男生，在这种关系中，男方付出的也仅仅是感情和金钱。

男女之间不同的生理结构决定着一个女生在一场恋爱中必须对男生慎重，对一个女人来说，嫁一个人真的很重要，假如将一个女人的一生比喻成一张 150 分的考卷，那婚姻就是最后那道 60 分的大题——无论你前边多么思维缜密不丢分，最后一道大题只要思路走偏，基本这场考试很难拿到及格线以上的分数。

我并不是说婚姻对男人来讲不重要，而是，男生相对在社会关系中更容易把握主动权，这种主动权不是性别歧视，而是千百年来，社会给男方的独特的优势和资源。男生要通过自身努力改变命运，在这个社会上要比一个女人更加容易。

而另一个残酷的事实是，很多人都没有意识到，在一段婚姻生活里，女生所找的男生的社会地位，决定着这个女生的社会地位。也就是说，如果她寻找到的男生社会层次低，则意味着这个女生日后的生活水平也将降低。

虽然我知道两个人是否相爱跟金钱一毛钱关系也没有，我也承认，有无数贤良淑德的妹子愿意跟男朋友吃苦受累，不离不弃，我更相信有男生愿意卧薪尝胆等着给心爱的女人更好生活的机会，但是，一个不争的事实是，很多人混淆了爱情跟婚姻的关系。

生活中已经出现了无数结婚后后悔的例子，大部分都是婚前觉得男人除了穷点，对我其实挺好的，毕竟我条件也不高，我就愿意跟他在一起吃糠咽菜，浪迹天涯，有钱难买我乐意。事实上，婚姻这种事情，经济条件是唯一的可控变量。一个穷人对女朋友好是低价值付出，因为他除了付出这种好之外没有其他的牌可打；一个有钱人在选择范围很广的时候依然对一个姑娘痴心，有时候才是真的喜欢的体现。

但年轻人谈恋爱，往往犯两个错误：他们一边高估爱情，一边低估贫穷。他们以为约会时男生甜言蜜语地讲两个笑话就是未来，于是不顾父母反对，一个懵懂莽撞地娶，一个奋不顾身地嫁，期待着婚后美好的生活。

只可惜理想和现实，恋爱与婚姻之间，都是隔着一道墙的。

这道墙，在爱情产生的时候如同被一道迷雾掩盖，隐藏得无影无踪。

梁咏琪唱的《新鲜》里有几句歌词：坐在台阶脱了凉鞋愉快地斗嘴，别人在上班我们放假偷一点闲，不吃大餐不多花钱只逛公园，也有幸福感觉。

说起来，就算你把一对热恋中的情侣关进监狱里他们也能找到共同话题，几个冷笑话都能傻笑一天。这时候，苦日子不是苦，什么都能聊出花儿来，于是无数姑娘产生了一个错觉：跟他在一起，就算吃糠咽菜也是幸福的。

但结婚就是两个家庭的事情，很多时候，这其中很多的问题都无关爱情，婚后两个人的爱情会慢慢消失，转化成亲情；那些恋爱中的浪漫逐步沉入水底，而各种生活的压力一个又一个地扑面而来。这时候，一个家庭产生的矛盾，十有八九都跟经济有关。

婚房、装修、钻戒、家电，花钱如流水一般。

好吧，姑娘说爱你，一切困难都不是困难，房子买不起就租，装修不了就毛坯，钻戒省了我只要一颗爱我的心，家电也将就啦清一色国产、淘宝、聚划算，酒席随便找个小饭馆办吧，婚纱照随便拍两张就好。

婚礼过完，怀胎十月，孩子开始喝奶粉经历十几年的人生，一直到上大学找媳妇，日子没完没了，用钱的地方多了。

3.

关于女生嫁给有钱人的问题，我曾在一个秋风瑟瑟的下午买了一杯热奶茶，认真思考过，当我换位思考之后，就更觉得，如果我有一个姑娘，我当然也希望她嫁的人能给她更好的经济条件。

这种心情，假如你做了爸爸，你就理解了。

这种感情，绝对不是爱慕虚荣，觉得女儿找了大款光宗耀祖，恨不得女儿嫁给有钱人然后往娘家塞钱，而是，我希望我的女儿能够风风光光地出嫁，我什么都可以不要，但你要给我女儿很好的物质条件，毕竟只有这样我的女儿才能更加幸福。居然老话讲嫁鸡随鸡嫁狗随狗，但是家里有更丰富的物质条件，才能给子女更好的生活，也才能让一段感情更趋于稳定。中国人自古讲究穷养儿富养女，就是害怕无数女孩小时候受太多的苦，长大后轻易被男生的一点点小恩惠迷惑。

几千年的儒家思想锻造了中国人一种奇怪的思维模式：赤裸裸地表示自己喜欢财富的人往往被视为耻辱。姑娘如果离开一个穷小子嫁给一个富翁，在周围人眼里，姑娘一定不是因为爱他，而是有所图的。这真是一个奇怪的逻辑，有钱人似乎就不能热情开朗，性情温和，有钱人对待感情就一定是玩玩而已，那些和美好有关的词，都是属于那些缺衣少食有上顿没下顿的穷人的。穷人和有钱人结婚似乎就只能为了钱。

我不否认有少量品质恶劣的暴发户，但很多有钱人，都有穷

别扯了，时间才不会改变一切

人没有的品质，敢做穷人不敢做的事，受穷人不敢受的苦，担负穷人不敢担负的风险。他们的巨额回报，很多时候都是他们应得的，在你变得强大之前，请记得学习他们的优点，变得跟他们一样有钱，而不是简单地对他们抱有仇富心理，却依旧混混沌沌、无所事事。

只是生活这件事情，真的是经济基础决定上层建筑。

当全世界都在以经济打头阵，以经济软实力决定国家座次的时候，当一个国家都能把以经济建设为中心作为重要的指导思想的时候，请不要说女生现实，这种现实是社会发展的必然产物，她逃避的并不是贫穷，而是贫穷背后的对未来生活的恐慌和所需要不断付出的努力。

除非你真的一穷二白还欠下一屁股债，否则一个女人是不会轻易因为经济问题而离开你的，毕竟她对感情稳定性的需求是大于经济的，比你是否有钱更重要的，恐怕是你是否对自己的未来有翔实的规划，而不仅仅是装装样子、表表决心。处在二十几岁的年纪，大家都不傻，很多时候，男生的很多小把戏在女生看来，只是看透了不戳穿的穿心之痛。而如果你已经有了翔实的规划，那请你大胆地告诉她，在未来的规划里，你已经加上了她的名字。

就如同一个追求事业的男人不该把工资多少放在第一位，而要把发展放在第一位一样，一个男人要获得爱情，直接追求爱情也是不明智的，如同追一匹马不如种一片草原一样，建立更好的经济基础，才能在感情中更加主动。纵然努力赚钱并不能维持一段感情，但它却是任何一段感情稳定幸福的必要条件。女生虽然也喜欢每天都能陪着她的男生，但是，一个沉迷于卿卿我我的男生，他所能维持的感情是不会长久的，努力去打造一个更好的未来，显然比眼前的花前月下更重要。

宁欺白须公，莫欺少年穷。一辈子很长，每个处在低落期的少年都有翻身的机会。所谓责任感，对于一个女人来说，更多是能够让一个男生安定不慌张的温柔；对于一个男人来说，则是暴雨夜替女生遮风挡雨的担当。

所以，下次如果再遇见了离开你的女生，不要把穷当作她离开你的原因，更不要因此而责怪一个女生，婚姻对一个姑娘太过重要，有时候，宁愿错过一个人，也不能输了自己。而你如果不愿意经历这样的悲剧，那就请加速奔跑，刻苦努力。

别扯了，时间才不会改变一切

路还长，别焦虑，慢下来，比较快

1.

某天在公司赶工期加班到很晚，出来的时候天已经黑了，但心情算不上好，项目工期特别紧，开发进度越来越忙。穿过张江软件园的时候四周安安静静的，已经一个人都没有，一场大雨过后，空气里弥漫着一股奇怪的味道，我有些焦躁地走到地铁站，好在赶上了2号线的最后一班车，我很疲惫地靠在地铁的椅子上打盹。

回到家打开房门，钻进卫生间里洗了一把脸出来。六月走进厨房，舀了一碗鸡汤，端着碗出来递给我："昨天不是吵着喝鸡汤吗？我下午路过菜市场买的。你尝尝，还热着。"

我接过碗把鸡汤一饮而尽，剩下碗里的鸡肉，走到书桌前打开了电脑，满脑子都是开会的方案。

六月有些奇怪地看着我问道："你不喝了？"

"嗯，刚刚加班的时候在公司跟朋友叫了外卖，下了地铁在地铁站外的小摊上又吃了点。"

六月的脸上露出了一些不悦："你要是下次加班不在家吃饭就

提前跟我说一声，我也就不做了。折腾了一晚上你又不喝。"

"哦，最近我都挺忙的，你随便在外边吃点吧。"

她看了看我，有点委屈地看起了电视，屋里的气氛变得有些压抑。

2.

一个有意思的现象是，当一个女生受了委屈，她排解郁闷的方式往往是找一个闺蜜或者一个朋友，把心中的苦闷发泄出来，把这种感情传递给别人。而男生们处理问题的方式则恰恰相反，当他们遇见心中无法解决的问题时，更希望全世界能够抛弃他，给他一个星球，而星球上只剩他一个人。

男女双方遇见问题时的差异是十分明显的，姑娘们跟闺蜜聊到了某个秘方，做出了一道好吃的菜，满怀欣喜地让另一半品尝，希望对方给出赞赏。对方偏偏遇见了烦心事，此刻的心思完全在另外的方面，这时候女生就会觉得自己花费时间和精力辛苦做出来的成绩压根没有被认可，顿时心生寒意。

其实很多时候，爱情就是男女互相理解并包容的过程。那么，为什么男生们嘴上说是爱自己的，却总因为点儿事业上的问题冷落自己，为了工作中的事情，变得烦躁和闷闷不乐呢？

很多姑娘都没有意识到，对于一个男生来说，事业的黄金期就和女人的年轻美貌一样，只在毕业后短短的那几年。刚大学毕业的男生，不经世事、初出茅庐，很多人都心怀壮志，一副初生牛犊不怕虎的样子，对待事业有冲劲儿，脑子里充满了想法，这几年简直是拼搏岁月里的白金时光。

虽然，在外人眼里，这个岁数的男生都是一穷二白，但这个时候，一个男人还没有家庭负担，也不需要纠结奶粉钱，一人吃饱了全家不饿，父母相对年轻，完全可以放下压力来赌一把；如果事业发展失败，就当是上学交了学费，还有从头再来的机会。试问，这个时候不奋斗选择安逸，那么这辈子还有多少出头的机会呢？

而且更重要的是，对于一个不愿创业愿意在企业待一辈子选择安稳生活的人来说，刚毕业这几年的起点，恐怕决定了一个男人的事业高度，影响一个人未来的几十年。而你如果在这几年无法形成稳定的职业规划和良好的社会关系，那你这辈子可能就没什么大的出息了。

中国是一个复杂的关系社会，当一个人做一些决定的时候，往往被父母、爱人、亲戚和朋友影响着。初出校园的男生们，心怀理想，充满斗志却不够成熟，身上带着一股浮躁的荷尔蒙气息，这时候的男生急于想要向自己的另一半和父母证明自己，难免顾此失彼。

而另一个颇为尴尬的事实是，一个同样岁数的女孩子，这个阶段最需要的，其实是男生的陪伴。没错，女生们依旧对生活充满幻想，对爱情充满期待，一副我不要钱不要命只想跟英雄持剑走天涯的样子，像极了爱上至尊宝的紫霞仙子。

这两种关系，在这个年龄很难形成互补。

于是男生觉得我为家拼命苦干，你却不能给我更多理解与包容，希望我早早下班陪你做芝士蛋糕，这种事情偶尔来来还成，长期做谁受得了？天下没有两头甜的甘蔗，总不能月亮想要，六便士你又嫌少。

作为一个男人，我理解的男生的感情中，我爱你的表达并不是花前月下风花雪月，而是拼搏时额头滴下的汗水和那张帅气的侧脸。对于一个女人来说，幸福是一个吻，一个笑话，一张日记本里的照片，对于男人来说，表达爱最好的方式当然是遮挡风雨的房子，能去任何地方的车，能让女生欢喜的那个礼物。

在一个年轻女人的字典里，爱情比重可以到百分之七十，百分之八十甚至更高，但对于一个男人和一段成熟的感情来说，感情比重永远不能超过百分之五十，剩下的百分之五十，要用来装友情、事业、家庭、理想，甚至，风花雪月的比重会越来越少。

3.

可是如同女生无法理解男人一样，这个岁数的男生其实也并不了解女生。这才会有那个我想要吃香蕉你给我拉来一车苹果，却皱着眉头问我为什么不感动的例子。

一个女孩子大门不出二门不迈，每天洗衣、做饭、收拾屋子，男人在外边打拼，时间久了，男人觉得自己像个超人无所不能，觉得其实你跟不上我的脚步。

可假如姑娘们各个把自己变成女强人、女汉子，一个月几万几万地赚，男生又觉得自己焦虑了，觉得这样的姑娘根本驾驭不了。

到头来姑娘们觉得委屈，我一天到晚在公司看老板脸色，看甲方脸色，累死累活，回到家还得顾及你的面子。

男人的世界里，爱一个人就是买买买，总想把天上的星星摘下来给你，我们急于用物质来表达爱，去证明自己的真心，也去回报你选择我并不离不弃的眼光。

然而在年轻姑娘们眼里，精神的恋爱是比物质更为重要的事情，大家当然都想找一个对事业拼命，对家庭负责的，但一个家庭，绝不是单纯地只要求男生们付出，所谓家就是两个人共同努力。

恋爱中的女人，要的东西都很简单，并不是要一个男人时刻陪伴在自己身边，要的只是这个男生能够时时刻刻的想念，在她需要帮助的时候能够最快速度地给她回应，让她不要觉得自己在恋爱中只是一个人，这需要男生在交往中用点小心思和小情调。两个人更亲密的感情，能够更好地促进事业的发展，当一个女人知道，她爱的男人的未来里有她时，她就会死心塌地的不离不弃。

一个家之所以称之为家，就是一个人累了一天之后，还愿意为了它去花费心思，无论你夜晚多晚回家，家里还有一盏为你亮着的灯。你以为我不知道累了就在门口随便吃一口，可是我们早餐随便吃个手抓饼，喝一包牛奶风风火火赶地铁，中午的时候叫个外卖随便扒拉两口忙着准备下午的会，忙了一天，终于在晚上能两个人坐在一起吃个饭，还能不精心准备吗？

幸福不就是两个人认认真真地吃一顿饭吗？

你却把晚上一起吃饭的幸福放弃，选择在路边小店里随便吃一点。一个家如果从早到晚都不开火，半年没有人进过厨房，这恋爱谈得也未免太过寒酸。所谓人气，不就是香气弥漫、热气腾腾的厨房吗？

4.

电影《门徒》里，刘德华作为大毒枭跟一个手下讲到贩毒的时候，有个毒贩站起来说："我干了这一票就不做了，有钱赚还要有命花才行。"

有钱赚，有命花，这句台词真的是简单、粗暴、有效的生活哲理。

我们疯狂透支着自己年轻的身体，却笑话父母做的舍不得吃点好的却花大价钱买药的傻事。

人生是一场马拉松长跑，刚开跑就跑第一的人，后面不一定能坚持下来，有时候停下来休息会儿，会走得更轻松。关于职位和薪水，你做到了坚持和努力，总有一天你要的都会给你，看淡了这些，人生就会比较豁达与洒脱。

用砸钱的方式追女孩往往是最糟糕的办法，用斗志昂扬式的拼命来证明自己的奋斗同样是不靠谱的。不要用理想做幌子低下头猛跑，连道路两边壮阔而美丽的风景都无暇顾及，连身后陪跑的人，一个不求回报给你爱的人都不去了解，多年之后，你将明白，这种方式注定是不长久的。

与其熬夜拼命做一大堆第二天看起来很糟糕的报告，不如早点洗个澡睡觉第二天更有效率地去做，用心去观察周围爱着你的人，然后用我们认为的方式表达爱。

面对未来的路，我们惴惴不安却又充满期待，我们都急于倾诉却没有人愿意倾听，我们焦虑又迷茫，但我们要相信，生活并不是百米赛跑，只要你坚定不移地走，虽然慢一点，但终究会到达。

那天夜归时家里亮着的橘黄色的灯，厨房里父母和妻子忙碌着的身影，以及那碗烫嘴的鸡汤，那是他们无声的爱，你要明白，路还长着，别焦虑，慢下来，比较快。

未被辜负的时光

1.

当年我爸妈谈恋爱的时候，两个人差点就没在一起。

那时候老妈刚从农场进到城市里，在市郊的水泥预制厂做搬运工，每天上班都要走很远的路，这倒是其次，关键是一个二十几岁的姑娘，要扛着又粗又重的水泥管道跑来跑去，在现在的我看来，这工作安排女人来做简直匪夷所思。但对当时的老妈来讲，没文化家里又困难，刚进城就能安定上班拿工资已经非常开心。

一场恋爱谈了大半年，娘家人向老爸要彩礼，老爸考虑许久，给老妈写了一封信，信里说自己兄弟姐妹众多，一个大男人实在没办法跟家里开口，关键是家里也确实没钱，希望老妈能找个好人家。

老爸没有撒谎，他们兄妹六个被爷爷从北京带来支援边疆，家里一无所有，据说搬家的时候卸了半车砖头，穷得全厂闻名。

分手信寄出几天之后，老爸像往常一样去车间上班，却被门卫叫了出去。他转过头，看见马路对面，老妈穿得很单薄，站在漫天飞舞的雪花里。老爸赶紧迎出去，看见她哭得两眼通红，正要开口安慰，老妈却说：

"我跟家里人说了，彩礼我不要了。"

2.

我三岁那年，有一天老妈抱着我去上班，一脚踩空掉进了路边的窨井里，她奋力把我丢在井外，我吓得号啕大哭，她被赶来的路人救起。两天后一个一起从农场进城的老师来家里探病，觉得老妈的工作太辛苦，找朋友批了个条子，把老妈调进了热力公司。从此，老妈只用在每年的9月底到第二年的3月上班，其余大半年都可以在家休息，而且单位效益极好，夏天只比冬天少一些奖金。老妈离开预制厂的时候，同事们都很羡慕，而从那时候起，我也过起了其他孩子羡慕至极的只上半天幼儿园的逍遥日子。

老妈被安排在一个机关单位里的换热站里三班倒，工作内容就是每到整点抄一次水温气压表，把暖气里的水抽出来做化验，然后填一个很简单的报告单。那时候的老妈面容清秀，梳着一个长长的马尾辫，穿着白大褂。她认真地把一滴药水滴进烧杯里，一股臭鸡蛋的味道飘出来，烧杯里的水的颜色瞬间变成葡萄紫，她从胸前的口袋里掏出圆珠笔，低下头很认真地记录，那张侧脸凹凸有致，是个十足的美人样子。

我年龄稍大一点的时候，每到冬天我们吃完了晚饭，我会和老爸一起给老妈送饭。我戴着毛线帽子和围巾，把自己裹得严严实实，只露出两个眼睛，手里提着一个微微烫手的不锈钢饭盒，在空荡荡的街上走，听着鞋子踩在雪地上"咯吱咯吱"的声音，穿过几条街区，在机关单位的岗亭前站住。

"叔叔好。我妈是这里换热站的，我去给她送饭。我要打开检查吗？打开饭会凉的。"

这种岁数的孩子卖萌，警卫员叔叔根本没有抵抗力，他很无奈地摆摆手，示意我快点进去，我开始撒丫子跑在前边，留我爸在身后继续跟他客气。

穿过一个长长的通道，在一个生锈的大铁门前使劲地敲，大约半分钟的时间，老妈会出来打开门，我跟着她穿过一个有很多水管和水泵的通道，耳朵会被震得"嗡嗡"响，钻进一个类似岗亭的十平方米的小屋里。屋子里有一张床、一个试验台、一面镜子、一个挂钟和一块匾。

"辛苦我一个，温暖千万家。"

辛苦是真的，但要看跟谁比。

这工作最重要的要求是夜里不能睡觉，领导会半夜三更来查岗，或者会突然打电话过来，要求你立即报出过去几个小时来水和回水的温度。那时候没有手机，上班的姑娘们都会听着收音机打毛衣，但这个辛苦比起之前在预制厂搬水泥就不值一提。姑娘们最大的愿望就是，大年三十晚上的夜班不要排到自己。

别扯了，时间才不会改变一切

3.

我 6 岁那一年北京申请亚运会成功了，精神饱满的学生们穿着印着长城和熊猫盼盼的白色文化衫，列队整齐地喊着亚运口号。我穿着格子衬衣、灰色短裤和皮凉鞋，手举着皱皱巴巴的毛票穿过热闹的人群，在阿姨的雪糕车前停下，纠结该买娃娃头还是亚洲汽水，虽然并不知道亚运会对我意味着什么，可这场景依然记忆犹新。

傍晚回家的时候老妈领着我在人民电影院门口闲逛，她在路边的小摊上买了一碗凉粉，把凉粉捣碎了喂给我吃，转过头的时候，看见了电影院门口卖茶水的老太太，正赶上电影散场，她坐在那里默数走出来喝茶水的人。

5、10、15、20……

天哪，这生意简直零本万利。

那天晚上回家后她跟老爸商量："以后成成上学要钱的地方很多，我打算学着做生意。"

那一年乌鲁木齐刚刚开始有个体户的概念，商贩们在新疆百货商店门口，摆着几个折叠钢丝床，卖一些廉价的棉麻衬衫，老妈不愿意整日跟院子里无所事事的小媳妇们聊天，她找到一个个体户老板，给他打下手。她的工作是站在一个大凳子上吆喝，不仅嗓门要大而且要手脚麻利。起初见到单位熟人她很不好意思，羞羞答答、满脸通红地大喘气，但过了一段时间，她终于想通——靠双手赚钱，不偷不抢，反正闲着也是闲着，每天还有五块钱的收益，有什么不好意思的。

有时候生意不好，她就假装是客人，有真的客人买东西的时候就跟过去，客人拿什么衣服她也跟着拿起来，假装跟客人是一伙的，向老板还价，等客人把货物买走的时候，她再把衣服还回来，圈子里把这个叫拉摊儿。

因为能吃喝，嗓门大干活又麻利，老妈负责的那个钢丝床很快就成为那三个钢丝床里卖得最好的一家。几周之后另外一个钢丝床的女老板来挖墙脚，她愿意每天给七块钱。老妈觉得对不起现在的老板，于是拒绝了。女老板下狠心，把价格开到十块钱，老妈终于动心，第二天就跳槽了。

这一干就是小半年，老妈每天站在百货商店门前喊到嗓子沙哑，用午饭的时间不定换来了家里生活的逐渐宽裕。当然，家属院里那排整天坐在楼下晒太阳的阿姨们则开始传："你知道吗？他家那个媳妇儿，在百货商店门口做生意。"

那一年的秋天，有天下班的时候我去接老妈回家，女老板把老妈叫到跟前，给我的脚上套了一双旅游鞋。那年小孩子穿这个的感觉不亚于今天手里拿台苹果手机，我穿着那双旅游鞋很开心地往家疯跑。善良的老妈被感动个半死，于是继续给老板娘拼命干活，不知疲惫无怨无悔。

4.

翻过新年的时候老板娘彻底对老妈放心，有一天晚上下班的时候她叫住老妈，带老妈去发货点提货。老妈跟着她坐公交车到一个服装批发商城，当批发商报出价格时老妈惊呆了，她在心里默默盘算着自己卖出的差价。

她又发现了一个全新的世界。

那天晚上回家的时候她跟我爸说起这个事情。"我想辞职，做个体户比上班赚钱。"她看了我一眼，"这孩子从小身体不好，又是一个男孩子，要早做准备才好。"

在一旁喝酒的四叔说："你想做啊？我倒是有认识的人，不过你要想好，干个体好像很辛苦。"

一向谨慎的爸爸极力反对。话说回来，那个年代，有几个人有勇气放弃单位的稳定去做个体，更何况热力公司这么好的单位，不仅有假期，平日里还享受各种米、面、油福利。

见老爸固执，老妈想了想说："我可以先不辞职，白天做生意，晚上跟单位的同事换夜班上。给我个机会试试看。"

几天后四叔介绍当时的城管办主任给老妈认识，在一起喝了一次酒，从此百货商店门口有了第四张钢丝床。

老爸老妈将钢丝床用一个两轮车推到百货商店门口，开始卖夏天穿的一种花裤衩，一条 20 块钱，这玩意儿样式新潮、穿着凉快，最主要的是价格便宜，进的货很快被一抢而空。于是老爸骑着自行车去批发市场提货，提来的货物刚扔到钢丝床上立马又被抢光，老爸只好再去提货。

做生意的第一天两个人赚了 237 块钱，这个 237 块钱的故事后来被反复地讲，那时候的苦中作乐，成了他们夫妻感情最有力的见证。而也是那天开始，老妈白天上摊晚上上班，不辞辛苦却没有丝毫犹豫。

有一天，一个小偷当着老爸的面偷我家的裤子，被拉摊儿的老爸一个耳光打傻了。我爸拿回裤子扔到钢丝床上对小偷狠狠地说："我们是两口子。"小偷灰溜溜地走掉，顾客一头雾水地看，不明白旁边几个拉摊儿的阿姨为什么会笑得喘不过气。

这个花色的裤头一直卖了几个月，直到后来，不夸张地说，它席卷了全城所有的钢丝床和夜市，价格则从最早的 20 块钱降到 15 块再到 5 块钱，至今我都不知道这裤衩成本价到底是多少钱。只记得，后来家里给我买了我人生中第一辆脚踏车；不久之后，我家装了电话，成了那个年代家里最早装电话的；再过一年，家里换了一台电视机。

以此为代价，老妈的生意越做越忙，我过起了胸前挂个钥匙，每天一个人去饭馆吃饭的日子。

那一年年末老妈在单位拿了先进生产者奖，奖品是几十块钱的奖金和一个大陶瓷水缸，那个陶瓷水缸一直被保留至今，而她花光所有奖金请同事吃了一顿饭。她说这个奖受之有愧，怕同事眼红把她做生意换夜班的事情传到单位里。

每到过年的时候她总是让同事好好休息，自己上班来还平时欠下的人情，之后几乎所有的大年三十，她都要上班，到傍晚的时候再赶到奶奶家里吃团圆饭。通常那时候全家人的团圆饭已经吃完，她随便扒拉两口剩菜，然后跟大家一起看春晚，等待除夕夜的那顿饺子。

5.

几年后生意终于小有起色，老妈决定南下探市场——"先坐火车去上海，然后到福建。听说那边的童装质量特别好，价格也低，我已经打听过了，赵姐有个侄子在那边工厂里打工"。

她兴奋地说着，面对着台下所有人的沉默——有人支持有人反对。最终还是受不了她的固执，家里四处借债，凑了三万块钱现金，同意她一个人坐火车南下。

她去上海的那天我和老爸去火车站送她，我站在站台上神色慌张地张望，顾不得旁边匆忙行走的人群。瘦弱的她穿着白衬衫，转身上了车，隔着窗户笑着跟我挥手。几分钟后火车鸣笛，缓缓地驶离站台，直到站台变得空空荡荡我依然不肯离去。

从车站出来，我用老妈刚给的零用钱在地下通道口的小贩那里买了一张中国地图，回家贴在卧室的墙上，开始计算着老妈现在到哪里了。

许多年过后，我仍然记得那个夜晚，我望着那张地图发呆，身旁的电话响起，我拿起电话问："请问你找谁？"

对面传来两声坏笑。

我兴奋地朝着电话那边喊："妈。"

"你在干吗呢？"

"我在写作业。"

"屁，我都听见电视的声音了。还有几天就期末考试了，你就疯吧你。"

"我会好好考的，你放心，你进完了货早点回来。"

"好，把电话给爸爸。"

我转身把电话给老爸，自己则靠着床头，夜已深，我沉沉地睡了过去。

6.

时间最终给出了答案，多年之后，那些曾经鄙视或嫉妒老妈的人，终于也开始学着做生意。

"老蒋你现在厉害啊。还是你有眼光，我有个堂姐打算开个店，我把你电话给她，以后多多照顾啊。"

"你真的是我们当中最有出息的一个，幸亏你出来得早，现在单位可是不好干，工资低还要看别人脸色。"

她们围着老妈，希望能从她嘴里得到些经验，哪怕只言片语。

"哪有？我只是赶上了好时候，运气不错罢了。"老妈坐在那里，侧过头来看着我微微一笑，轻描淡写地说出那句话。

我低头不语，继续玩着手机。

6岁那年她站在凳子上抱着3岁的妹妹，偷了吊在屋顶篮子里的窝头，姥姥回来打了干农活的姐姐，因为不相信两个小孩有这种能力。

12岁那年她生了一场大病，发烧到奄奄一息，姥爷哭着问她想吃什么，她说她想吃天津大麻花，姥爷穿上军装说你等着我给你买，走出了门，然后她烧到昏迷，一直到醒来烧退掉，麻花也没有买回来。

33岁那年她白天在百货商店前喊破了嗓子，晚上一个人坐在值班室里打一夜毛衣，为老板给孩子的那双旅游鞋，还有每天多拿到的十块钱沾沾自喜。

38岁她独自一人揣着全家凑的钱坐在去上海的火车上，五天四夜，小心翼翼地护着腰间的小包，看谁都像坏人，困得要死却不敢睡去。

这些年，她还是那个对周围暗藏的机会敏感而又大胆，对暗藏的危机敏锐而又小心的农村姑娘，干净利落而又小心翼翼。

这些年，她还是哭红了双眼说我不要彩礼的姑娘，把所有的精力奉献给了丈夫和孩子，言传身教、遮风挡雨。

这些年，她自己吃尽了所有的苦，用母爱织了一个巨大的网，把我护得密不透风。

这些年，她大胆、干练、成熟而又果断，却低调地把一个个上天赐予她的礼物轻描淡写地描绘成运气。

老妈，曾被你爱着，我真的万分荣幸。

被母爱轻抚照耀着的时光，才是我此生最好的回忆。

别扯了，时间才不会改变一切

第五章

擎起信念，胸怀远方

努力从来不是一件辛苦的事情，你能否过上你想要的生活，完全取决于今天的你怎么做，所以，扬起风帆，坚定信念，向着远方前行吧，你终能获得想要的一切！

假装努力这件事，唯独骗不了自己

1.

有一个据说大学生才能看懂的笑话，说大学生们都认识的英文单词是 Abandon，其次是 Zoo，因为这是每本单词书里都会出现的第一个词和最后一个词。而备考四六级的学生们总是兴致勃勃地去买英文词典，但鲜有人把整本词典完整地背出来，有人从第一页往最后一页背，背不下去了就从最后一页往第一页背，基本上翻看两天就兴趣全无，于是大部分英文词典转让的时候都是全新的。大家记住的，也就这两个词，更讽刺的是，Abandon 的意思就是放弃。

很多学生放弃英语的原因是，自己高中时候的基础就没有打好，到了大学可能因为高考结束后给自己太多自由，过了一年想学英语，翻出书才发现自己已经忘记得差不多了。"我这个年龄再学英语已经晚了"，我一直也认同，直到许多年后，一次偶然的经历改变了我的看法。

2.

上海有一个叫董家渡的布料批发市场，与北京的秀水街和上海七浦路的档次相当，就是那种很多小商贩挤在一起卖低档衣服的批发市场，而董家渡挤满了做西服的裁缝，久而久之，这里做西服就变成了人尽皆知的事情。大众点评介绍说，这里最便宜的一套西服只要 400 块钱，当然，价格确实是低，但是质量差也是事实。我有一次跟上海的同事聊西服，因为没去过董家渡就跟他打听，他说从来不在那里买衣服，因为质量实在太差，做出来的衣服几乎是一次性的。这说法当然有些夸张，但不管质量多差，这里还是吸引了大批的外国人购买。其实很多美国人对西服还没有国人讲究，在这群人眼里，400 块钱人民币别说买套西服了，就是给裁缝师傅手艺钱都不够，就跟我们在夜市上买件 T 恤似的，穿着玩。

而我想跟大家说的，并不是做西服，而是，如果你去过董家渡，就会对那里的一个方面印象极深——那家批发城里的商人，不论男女，也不论年龄大小，都讲着一口极其流利的英语，而且这种英语不是为了应试，而是每天跟美国人真枪实弹地沟通。没错，刚开始我也觉得他们只是会简单的几句，后来我发现根本不是这样的，他们都很认真地学习过英语。很多店主年过六旬、白发苍苍，然而眼神精明、英语流利，跟外国人讨价还价谈笑风生，想起他们背单词，练听力和口语就觉得羞愧，我这个岁数如今拿出英语书，单词能认得的估计没有几个。

六十岁的老头老太太一样可以讲一口流利的英语，那么自己学不好英语却在自嘲小时候基础差，是不是有点说不过去了呢？

学习这件事情，不分早晚，任何时候都来得及。当生活所迫或者说有利可图时，人很快就能行动起来。

最有效的，就是让自己跳出舒适区，把自己逼上绝路。

3.

随波逐流这件事情，在学生中尤为明显，比如高中时候，我买过很多参考书，因为逛书店的时候总是会被封面上的"名师解题思路"之类的话吸引，买回来做两页立即失去了兴趣，下次逛书店看见其他书又会心痒痒，于是又重复上次的行为，最终的结果就是书买了一柜子，但是真做过的题目很少。人总是这样，竞争的时候看见别人有什么，于是自己也希望有一个，但真正把工具利用起来的又有多少，而这些人，才是最终高考成功的人。

考研的学生们大多也有这样的毛病，一个宿舍一起考研，大家都是 6 点起床开始刷题，也都是夜里 12 点睡觉，最终的结果可能是老大考上了重点，老二低分过关进了一个一般的院校，剩下的老三、老四、老五、老六纷纷落榜。很多人将考研失败归结于自己天赋不够，其实这是一个很可笑的借口——真的那一拨智商不够的，早已经在高考的那一轮被刷下来了，就算勉强上了大学，真不爱学习的，也没有几个人会关注考研，之所以坚持一年决定考研，就是想试试看。只是考研成绩出来才知道，自己真到了图书馆有多少时间是用在刷题、读书上的，可能做题 10 分钟，拿出电脑上网查资料花 5 分钟，发现 QQ 弹出了 NBA 最新战况，于是 25 分钟用来看 NBA 直播，看完后心中不爽，花半个小时用手机刷微博吐槽，后来吐槽的微博被哥们儿艾特（@），就又跑去跟已经工作的他聊职场见闻，一抬头发现，已经到了中午时分。

同样的一个上午，可能你用在看书上的时间不过五分之一，其余大部分的时间，都被荒废掉。而那个真正在努力看书和学习的人，才有可能给自己赢得最大的胜利。别人的参考书比自己的好，讲解比自己的详细，这是一个只能骗自己的理由，市场上大部分的参考书，大多大同小异，同时，这些参考书都经过多次修订再版，只要你书是正版，基本上很少出现满篇错误的情况，你说因为一道大题出得比较偏，题型压根没见过，最后导致你与某所重点高校擦身而过，我相信，你只要把随便某一套书啃透了，考研落榜基本是不可能的事情。

说白了，你就是在给失败的自己找理由。出于国人从小的教育模式——万事都要竞争，看见宿舍的人考研，于是你也要试试看，别人六点起床你也六点起床，别人看书的时候你也在看，甚至别人泡在图书馆里十几个小时你也能泡，只是是真的认真看书还是走马观花地自我安慰，恐怕这事哑巴吃饺子，只有自己心里有数。

很多时候我们做不成一件事情的另外一个原因是觉得自己还有后路。

做事给自己留后路着实不是一个好习惯，总想着不着急，如果这事成不了我还有备选方案的人，其实永远都不可能成功。路太多了，而且各有利弊，哪里有十全十美的方案，有些路苦但是是自己的爱好所在，有些路清闲却注定平庸一辈子，有些路看起来纸醉金迷而真实情况也只有自己最清楚。成功的那个人，往往是分析了利弊之后，一个猛子扎进去一条道走到黑的人，永远停在十字路口甚至米字路口迟迟不能做决定的人，最终只会懊悔自己失去的机会。

人是一种懒惰的动物，总是能给别人找出一百种理由出来，说起来，考上研究生的，特别是重点大学的研究生的，很多人都是因为家境一般，希望通过教育改变自己，一心想要考研的。而如果一个考研的学生，抱着"试试看，反正过不了我再去考公务员"的想法，那他的考研是注定会失败的。按照这个思路走下去，公务员考不上也可以去试试看考个事业编制，事业编制考不上可以去私企上班，私企上不了班还可以自己开公司做个小买卖，这种逻辑的人，总能给自己找出来一些后路，却最终走向平庸。

最后一件只是看起来努力的事情，就是频频给自己下决心。太用劲的人往往跑不远，大部分时候，三分钟热度的人，都没有办法把握自己成功的机遇。

有一个奇怪的现象，那就是在一件事情上有所成就的人，都是那种并没有整日耗在某件事情上，而是每天给自己一定空闲时间的人。比如，英语好的人几乎没有熬夜看一个星期书然后成绩就不错的，都是那些每天背诵几十个单词，但是每天都花时间去坚持的人。想要写好字而去练习的人很多，外行们进来先商讨笔的好坏，几乎没有人推荐50块钱以下的钢笔，然后就是一本一本挑选字帖。其实写字好看的人，有多少是用几千块钱的LAMY或者万宝龙？有很多人的基础就是用英雄616这样5块钱一支的钢笔练出来的，他们也并没有每天花8小时在书法上，而是每天留出来一两个小时，但是一个爱好一坚持就是十几二十年，春夏秋冬从不间断，也从不觉得是负担。生活中的绝大多数人都是跟风，看见别人健身于是自己也去健身，去了就办VIP年卡甚至请私教，汗流浃背两次就觉得自己太辛苦了没有情趣，这就罢了，他/她却把大部分的原因归结于：办了卡却发现自己没有时间。

这种人压根不是没有时间，他/她有大把的时间看《太阳的后裔》，有大把的时间刷微博、朋友圈，就算是兴趣，他/她可能今天跟你学健身，明天跟另外一个人学游泳，后天跟新认识的朋友学瑜伽，最终一事无成依旧平庸。

4.

很多事情，外人看起来是辛苦，自己看起来则是一种幸福，那种投入让人觉得，这一生因为有了某种爱好而充实起来。我认识的一家互联网公司的老板，也算是个有钱人，曾经在上海有几十套房子。十多年前，最悲惨的时候把自己所有的房子都卖掉，投入到自己的互联网公司，据说卖最后一套的时候老婆急了，说如果你再执迷不悟就真不能跟你过了。如今，此人手里握着多家互联网公司的股票，恐怕想起当年卖房子的事情，也会唏嘘不已。

说起来，这些年看到的很多创业者，都没有选择留在某家公司、拿原本不错的薪水、过朝九晚五的生活，而仅仅是因为爱一行，于是一个人没日没夜地把自己投入到公司里，积蓄拿出来给员工发工资，自己恐怕创业后连一碗安稳饭都没有吃过。这些人的成功，从来都是因为自己目标明确，知道自己想要什么。

一个人是不是真的努力，是为了慰藉自己空虚的内心而滥竽充数，还是真的充满活力地去做一件事情并投入到底，这一过程中，外人其实是看不清楚的，恐怕个中滋味只有自己心里最清楚。而如果你拿战术上的勤奋去掩盖战略上的懒惰，那么不管你外表多么努力，最终的成绩，也会给你一记响亮的巴掌。

别扯了，时间才不会改变一切

原谅别人，有时候是为了原谅自己

1.

前两天看到网络上非常火的一段视频，岳云鹏在春晚之后接受央视《面对面》的采访，讲到成名前的几段惨淡的经历，看完后感触颇深。

在成名之前，岳云鹏在一家酒店做大厨，据他自己说，他对工作踏实又认真，可是有一天厨师长的小舅子看上了这个工作，于是厨师长找到他，没有任何理由地把他开除了。

后来他又到了另外一家公司做起了保洁员，每天的工作就是不停地刷厕所，一样是工作起来认真负责一丝不苟。可是有一天老板喝醉了，在厕所里吐完出来没有看见他，他当时正在女厕所里干活儿，他奋力地解释，可是老板还是不听，又没有任何理由地把他开除了。

再后来他就在一家小饭馆当服务员。有一次给客人算错了账，客人将15岁的他叫到旁边，骂了将近三个小时。他忍着委屈答应给客人打半价，客人依旧不依不饶，后来，在饭馆打工的他自费付了352块钱，客人才骂骂咧咧地走掉。

据他自己回忆，这期间周围站了好多人，却没有一个人站出来帮他说话。

"我到现在想起这段经历，依然很恨他。这么多年过去了，我面对媒体，我应该说我感谢他，没有他就没有今天的我，可是现在，我依然要说我很恨他，那个时候的我，什么好话都说了，可是还是不行。"他越说越伤心，眼泪止不住地往下掉，与平日里唱着《五环之歌》的那个让人捧腹的岳云鹏判若两人。

听了他的故事我很伤心，其实我挺理解岳云鹏这种心情的。且不论对于那个年代一个因为家里缺钱，漂在北京打工的 15 岁孩子来说，352 块钱代表的是什么，比这 352 块钱更重要的是，他遭遇了不公平的待遇。这些不公平，让漂泊的他心酸却束手无策，而周围人的冷漠，更是让当时 15 岁的他过早地体会到了什么叫作世态炎凉。

这个视频的影响力蛮大，有网友在微博上质疑岳云鹏撒谎，毕竟这个世界上有多少人会逼迫一个 15 岁，混在北京打工的孩子拿出来 352 块钱。我个人倒是感觉，让一个如今如日中天的他在央视这么大的采访上编造出这样的事情，不太可能。根据郭德纲以往的介绍，在郭德纲遇见他的时候，他穷得买不起一双鞋子，所以这经历，我觉得岳云鹏撒谎的可能性非常小。

在电影《秋菊打官司》里，秋菊为了讨要一个说法，几次三番去城里告状，用完了全家过冬晒的辣皮子，最后村长终于被改判为伤人，被警察带走。而电影的最后，认死理的秋菊一脸的茫然和无助，她似乎并没有得到那种赢了一场官司的快感。

这也是讲的类似的故事，很多时候人都很容易在受到不公平待遇时钻牛角尖。我曾看到过一个新闻，有人因为上公共厕所被多收了三毛钱而打了一年官司。在外人看来，花这么大的价钱，加上一年的宝贵时间，实在是太不值得，但是在当事人眼里，根本不是多少钱的事，而是为了寻求一种公平和公正。

我算是岳云鹏的粉丝之一，抛开他相声说得专业不专业不谈，我觉得相声首先要能让人开怀大笑，这一点岳云鹏至少做到了。如今的他可以算得上是相声界的一线明星，那个视频我看了两遍，我除了有点心疼，更多的是有点惋惜。岳云鹏是一个因为穷得交不起学费，而放弃上学来北京漂的孩子，如今能够获得几亿观众的认可，这其中的痛苦与艰辛，恐怕只有他自己知道。而如今，随着他的大红大紫，那些曾经在打工时候流过的眼泪和委屈，都已经成为过去，而那个曾欺负他让他付了 352 块钱，然后骂骂咧咧走掉的那个人，我相信他的层次终身就停留在那里。

2.

我曾经是个特别在意别人看法的人，在发现周围的一些人对自己产生误解的时候，我总是滔滔不绝解释个不停，后来我发现，这种做法是非常幼稚而无用的。事实上，这世上绝大多数的人，并不如你想的那么关注你。大家对于与自己不相关的事情，多是抱着一笑而过的态度。而你受到委屈或自怨自艾时的负能量，只会伤害到那些爱你的人，比如父母、家人和你身边为数不多的朋友。

所以生气和委屈这事儿算明白了，怎么都是个赔本买卖，过于纠结，容易苦了自己，让你窝心的人，可能正在某处逍遥自在。当他做出伤害你的事情时，说明他从刚开始就没有关注到你的感受，更说明，他压根就不在乎你。其实就算你费了九牛二虎之力，想尽一切办法扳回一局，大多数也是没有用的，往往也跟秋菊一样，到最后得不到半点欢喜。这种事情，只有等你变得强大了，变得豁达，云淡风轻地说出这件事，你当笑话讲，别人当故事听，才算真的放下了。

坦白说，面对很多所谓"笑着感谢那些曾经伤害过我的人"的鸡汤文，我倒是认为感谢没有丝毫意义，更无法理解很多时候大家所说的"我都给你道歉了，你为什么还是不肯原谅我"的情商问题。我一直都不是一个心胸开朗的人，大部分的时候，只要不是我的错，哪怕遭遇了天大的利益损害，我也不会道歉，我倔强、认死理、钻牛角尖，让我的父母和朋友很无奈。但熟悉我的朋友都知道，我吃软不吃硬，刀子嘴豆腐心。只要你伤害我的事情不是碰触到我的底线，大部分的时候，只要对方先有诚意地说对不起，我就会把台阶铺好，然后扶着你下去。

3.

有一年国庆节的时候，我家里的一个同辈兄弟在背后说我爸爸的坏话，被人传到我耳朵里，那天的团圆聚会我们发生了激烈的争吵，被赶来的亲戚们劝开，一场聚会不欢而散。这件事情之后的许多天，我用冷漠而消极的态度来对待他。那天晚上，家里的一个亲戚发来一条鸡汤短信，鸡汤短信很长，大致的意思是，要学会谅解和谦让。

我删掉了这条短信，没有回复任何消息。

几天之后再次见面，这件事情被亲戚们提起，持续发酵，大致意思是我不懂谦让，这种"小事"就应该懂礼貌，另外要给家里的长辈面子，毕竟一大堆舅舅姨姨出面调解，这事不该没完没了。

我的态度依然不置可否，不给任何回应。

在很多人看来，这是一件特别小的事情，许多年之后，我想说的是，在我心里，他们在拉偏架，而我遭遇的是不公平。

那个跟我吵架的人，平日里能说会道，又喜欢帮家里人做事，非常受长辈喜欢。而那时候的我长期不在家里，在他们眼里，也不太会为人和交际。于是，一件在我看来受了天大委屈的事情，除了我之外所有的人都希望尽快息事宁人。

多年之后想起这件事情，对错已经不再重要了，最大的感触是，世界那么大，别把时间花费在记仇这种无聊的事情上。这个世界很多时候就是靠实力说话的，所以如果受了委屈，别憋在心里，努力上进，哪怕很多时候你做出来了成绩也一样没有人愿意理你。

太多时候你以为全世界与你为敌，其实全世界都在忙着，哪

有空理你？

这种人你压根不必纠结，离得越远越好，与其花大力气与他理论，不如尽力多交一个新朋友，一起出去旅游、健身或者玩个什么东西。心态平和一点，千万别生气，那是用别人的错误惩罚自己。

出去旅游，结果因为一进公园和路边的某个小贩发生争执吵了一架，所以整天的心情都变得不好，忘记了植物园里的花草和那一天的阳光和煦。

早晨上班，因为买早餐的时候跟食堂的大爷有句争执，结果一天的心情都处在阴霾里，开会的时候你也不言不语。

得不偿失对不对？

那就试着原谅他吧，毕竟你的心越大，世界就越开阔，今天你以为天大的事情，明天想想也许真的没有什么。

因为很多时候，原谅一个人，不是因为我们情愿，而是因为代价太大，年轻的我们耗不起。有那个折腾的闲工夫，不如用来读本小说，看部电影，开瓶红酒慰劳一下自己，学点儿手艺，为自己喜欢的人做一顿饭，把屋子打扫得干干净净，日子漂亮了才是最有用的。时间会给你答案，许多年后你再看到，可能会发现，自己压根想不起那个人、那些事。

世界很大，不是所有的人都能讲道理，而有时候我们选择谅解，只不过是为了放过自己。

为什么越长大越难有发自内心的快乐

1.

你上一次发自内心的笑是什么时候？

嗯，不是那种对同事和朋友伪装的标准化的笑，是说你毫无顾忌、毫无压力发自内心的开心的笑。

之所以这样问你，是因为我在前两天看到了一张照片，那张照片拍摄的是全世界最大的城市纽约，忙忙碌碌的年轻人早晨上班的场景，看后总觉得有什么不对，后来突然明白，照片里的人神情似乎都有些焦灼。

于是在今早上班的时候，我特意观察了一下上海地铁上奔波的人们，整个车厢里，只有一对情侣在说话的时候，男生露出了一丝不知真假的笑容，其余的人，大多也是神色匆匆，焦灼而迷茫。

好吧，你为什么不快乐？

2.

你是否记得《夏洛特烦恼》里，大春和夏洛一起去游戏厅打拳皇的场景，大春用练了好久的连招干掉了夏洛，夏洛呆呆地看着大春，不说话。大春以为他生气了，抱怨道："你怎么还玩不起了呢。"

夏洛点了根烟笑笑:

"我他妈的真羡慕你，活得跟傻逼似的。"

大春是不是傻逼我们不知道，但我知道夏洛是真羡慕他。因为在夏洛的世界里，其实巨大的成功之后，他已经找不到能让自己感到兴奋的东西，也失去了奋斗的乐趣。

这种兴奋的消失，源自于无止境的欲望。

3.

很多人把慢慢不快乐的原因归结于没钱，而据我观察还真不是。

我曾在一个基层服务机构做了半年，那里的人文化程度和受教育水平都相当的低。这么说吧，她们打不开 Docs 的文件，Excel 求和靠口算，也别说做一个 PPT 了，更别说什么配色、字号、对齐、扁平化了，能把一段文字粘在 PPT 上已经是最优秀的人了。嗯，而且她们也不想学，谁会谁来做，反正我不会。

那段日子我跟她们一起下班，在我煎熬着不知道未来在哪里的时候，我发现她们并不着急。办公室的话题只有土豆涨价，西红柿便宜了，以及她们老公。她们那个兴奋劲儿让我打心底里羡慕，她们眼中那些一个月 2000 块钱工资，整日无所事事，抽着廉价烟的老公，似乎就是她们的整个世界。

从那时候我开始真正明白，人与人确实是不一样的。

"宁愿在宝马里哭，也不在自行车上笑"原来是真的，周围的有钱人，由衷快乐的并不多。

"弱智儿童欢乐多"原来也是真的，身边遇见点小事就笑开了花的，都是那种工资不高啥都买不起还整天傻兮兮的人。

4.

小时候喜欢玩红白机。暑假的时候最盼望父母上班，几个伙伴坐在一起，玩《超级玛丽》《打鸭子》这样的游戏可以玩一天，后来玩《机器人大战》《吞食天地》和《三国志2》，一个小学生居然玩全日文的游戏；中午父母不催根本不知道饿，从冰箱里掏出辣椒酱就着馒头，边吃边翻游戏杂志攻略，这在现在的我看来简直不可思议。因为厂区工厂离家近，所以父母经常会上一半的班杀回家，于是小伙伴们撤得很快。第二天依然乐此不疲，换到另外一个小伙伴家继续。那时候游戏机质量不行，稳压器夏天暴热，玩一会儿就要拔掉，看《圣斗士星矢》和《魔神英雄传》让稳压器凉下来。

男生的青春就这样献给了一个又一个暑假。

后来，玩的东西从红白机变成了世嘉，游戏也换成了《幽游白书》和《梦幻模拟战》，然后又在一夜之间有了PS，几个人躲在地下室里踢世界杯。

那时候的笑确实是真的吧，我们似乎永远不会长大。

再后来我一个人跑去电脑室里玩《仙剑奇侠传》和《机器猫大富翁》，郑重其事地跟爸爸说期末考试能够认真复习，条件是考好了换一台电脑，父母拒绝我的理由是没有地方放。第二天他们出门，我将家里的一个双人席梦思大床从一个屋子拆开，推到另一个屋子，再拼好，然后把地扫干净拖好，回家的老妈吓了一跳，无论我怎么解释他们都无法相信，一个瘦得在家没干过五分钱活的小孩子，能干出两个大人恐怕都要冒汗的事。

那时候的笑，应该也是真的吧。

上初中之后我在一所私立学校上学。学校里开始流行一款索尼的 CD 机和 MD，有一款是吸附式的，就是你把碟插到一半它自己就吸进去了，当时在乌鲁木齐卖到 3000 多块钱。我跟老妈提出想要买一台，但是被家里拒绝了，倒不是心疼钱，主要是当时担心我成绩，我就跟别人去借着听，朝思暮想地想要一台。

后来上了大学，临行西安的时候，母亲突然有天送了一个当年旗舰版的索尼 CD 机给我，她说我记得你喜欢。

我把包装打开，把口香糖电池装在里面，买了周杰伦的新专辑，一遍一遍地听，确实很喜欢，但已经没有初中时候的狂热。

兴趣这东西，确实很难得，我曾为玩游戏省钱买点卡，而现在，PS4 买回来，玩了不到五次就落了灰，有那时间宁愿躲在被子里好好睡一觉。

我们果然都一夜长大。

5.

事实上，欲望吞噬的不光是物质，感情也一样。

小孩子的意识里，爱情的终极形态是婚姻，是两个人在一起。

比如，尔康和紫薇要在一起，五阿哥和小燕子要在一起，香妃和蒙丹要在一起。

慢慢长大，思维越来越成熟，明白最爱的两个人往往不一定能在一起，甚至肯定不能在一起。

那一年存钱跑遍一个城市买一个泰迪熊，只为博女神一笑，嗯，跟铁哥们儿说自己不要回报，只要她幸福就好。

然后，似乎真的就没有然后了。

如今相亲连时间都懒得浪费，过了 30 岁男人还为感情纠缠不清，一定会被人耻笑。

你谈了男朋友，更多人问你，他是否有房有车，是否是公务员，彩礼多少，嫁妆多少，甚至你和他谈是因为有商业利益在里面，爱情不再是婚姻的全部，可能只是你觉得他恰好合适，甚至，可能跟爱情一毛钱关系都没有。

你告诉我，你的婚姻如果是这样的，你的后半生怎么快乐得起来。

幡然醒悟的时候，发现最好的爱情偏偏是早恋，毕竟那时候姑娘小伙在一起不是因为他爸爸是处级干部，可能只是因为他路过教室门口，看见她一袭长裙跟闺蜜讨论一道题。于是故意在做操的时候站在她身后，趁她不注意抓她的小辫子惹她生气，自己却笑得像个傻瓜。

有一天你会羡慕那些去网吧通宵打DOTA的人，过了某个年龄，你不再对游戏有兴趣，网吧老板给你钱你都不再愿意碰它。

有一天你会羡慕那些失恋后痛哭，吃不下饭，去挽回却被羞辱，痛不欲生的人，因为现在的你，对感情已然看淡，有那工夫不如回家躺沙发上看两部电影，吃点鸭脖喝点啤酒舒舒心。

有一天你会羡慕那些买不起你买得起的东西的人，觉得那种一缕阳光、一个晴天就能兴奋不已的日子离你越来越远。

其实，执念是美好的，不成熟是美好的，那些为自己喜欢的东西付出努力的日子是美好的。

为什么我们都不愿让孩子接触社会的阴暗面，而是希望他们带着童真去成长，是因为这些欲望与感情，终有一天将消失在你的生命里。

别扯了，时间才不会改变一切

如果你正经历乌云盖顶

1.

2008 年那年的元旦，乌鲁木齐的一家商铺发生了一场巨大的火灾，那场火烧得干脆利落，把全国的报纸、杂志、电视台上了个遍。老妈和四姨辛苦十多年打拼的整个商铺在几十个小时内化为灰烬。

那是我妈妈得皮肤癌后手术的第三年，我临近大学毕业，每天沉迷于网吧，手下有一个冒险岛 117 级的战士账号，跑跑卡丁车彩星手套，魔兽世界 70 级，劲舞团玩得不好，八方向反键的速度在 140。在网吧和宿舍睡觉的时间占据了我整个大学的大部分时间，转眼到了大学毕业，我才发现这几年其实什么都没有学。

大学文凭到手就是我上大学的终极目标，万分幸运，尽管中间的过程坎坷，最后我还是拿到了。

那场大火改变了我的人生轨迹，我妈妈开始跟我商量今后的发展，考虑到她和我四姨都已经岁数很大，家里没有再做生意。

而也就是从那时候开始，我几乎没有再玩游戏，最奇怪的是，之前说起游戏总有好大的瘾，日夜奋战不知疲惫，基本上大学生活费全捐了网吧的我，在一夜之间，就不碰游戏了。

这个事，说来我自己都不信——我并没有刻意地戒掉，也没有给自己定什么目标，只是突然有一天，说不玩就不玩了，一丁点儿瘾都没有了。

现在想想，也许是毕业了又摊上这么大的事心里开始装事儿了，也许是觉得有一种无形的生活压力袭面而来，或许更多的，是不知如何面对那个有点迷茫又有点无助的未来。

2008 年奥运会前我到达上海，用自己仅存的那点互联网优势，在这个大城市里做了一条无人知晓的咸鱼，并且拒绝了家里的一切经济援助，靠一点微薄的工资过日子，我希望自己过得好，这样她才能安心养病。

庆幸的是我们都没有让对方失望。

放弃了从商的母亲从此加入徒步队，每周跋山涉水，跑遍了新疆很多我没有去过的地方，在一望无际的沙漠席地而坐，用数码相机拍出未被污染的清澈湖水的照片，夜里睡在帐篷里。

她跟一帮老年大学的姐们儿一起合唱，学得很认真，整天在家里拿着简谱唱歌，尽管老爸总是说她五音不全。她会选择周一便宜的时段去 KTV 里唱歌，然后吃自助餐，吃饱了回家。

她收藏酒瓶，把各种各样的酒瓶从全国各地托运回来，放在屋子里的酒架上，我终于发现原来一个酒瓶子也有这么多文化和讲究。

她学葫芦丝，学电子琴，也和所有的父母一样，每天早晚去跳广场舞，虽然跳得确实不怎么样，但是人活着嘛，就图个自己开心。

她经历了许多许多，我至今没有经历。

现在想想，她真是酷毙了。得了癌症还有这样的心态，说起来，是个能跟熊顿拜把子的抗癌能手，一个深刻领悟了生活含义的生活家。

我用生活家这个词，是因为我第一次发现，原本在我眼里那个没日没夜只知道赚钱的老妈，内心原来有这么多梦想，干成了这么多事情，耗费了这么大的精力。

而我进入职场之后就把很多精力用来学习互联网知识，一方面我本来就是很宅的人，天生坐得住；另一方面，也是最主要的原因是跟我一起合租的男孩子来自安徽农村，他每天下班之后就开着体育频道学习网站开发，有球赛的时候就看看，他那屋里的灯总是最后一个灭掉。

人在接触不同的人，看到了不同的人生的时候，总会去努力做一些改变。

多年之后想想过去的事情，不知道该说什么好，那场大火改变了我们两个人的人生轨迹，也改变了我母亲的生活态度。它对我家来说是灭顶之灾，但也许，如果那场火灾没有发生，我妈妈在癌症后期住院之前，应该都忙碌在那个几平方米的小铺子里。

所以，有些事情到底是福是祸，不到最后一刻谁也说不清楚。

2.

2008 年 5·12 地震后的几天，我看到电视台通知，说可能会发生余震。很晚的时候我们出来，在学校门口的摊子上吃烧烤，吃完了烧烤我们一起去学校后边的小广场避震，整个广场坐满了打牌的人，我还拍了一段视频，放在了土豆网上。那时候无知的我在博客里说：原来所有的人都怕死。

2010 年的国庆节我跟老妈去成都玩，在地震中心，一个被夷为平地的小学里，学生的奖状、书包等依然散落其中，满山都是坟墓，周围全是死难者的家属，他们排成一排站在上山的路上，靠卖光碟过日子。导游告诉我，地震发生之后，很多人开始真正明白生活的意义，比如亲情、友情和爱情都比钱更重要，真到了逼急了的时候，人哪有那么多欲望，活下去就好。

那次地震中有一家人，七口人死了六个，政府后来安置的时候，给了唯一幸存的那个一套好几百平方米的房子，导游说那个人最后还是离开汶川了，房子也没要。想想也是，全家人只剩下他一个，住那么大的房子谁不害怕？谁能在这种房子里活过下半辈子的时光？

那一天我的感受很大，我突然懂得了，人在大自然面前是那样的渺小。从那天开始我每次坐飞机都要跟家人报平安，去远的地方出差也要跟家里人打招呼，那场地震让人感受到了生命的脆弱和渺小，大家纷纷放下那些欲望，去做自己喜欢的事情，很多

别扯了，时间才不会改变一切

人都开始更加地珍惜生活。

年轻的时候我们定义成功，成功人士就是指的有钱多金的人，但是这些年我看到了很多很成功的人，我发现我一点都不羡慕他们。在如今这个多元化的社会里，成功的定义有很多种，有一些人，赚再多的钱依然是迷茫的。

相对过去来说，我如今更羡慕一些生活中情商高、素养好的人。他们能把平淡的生活过得生动有趣，他们珍惜身边的人，把每一天都当作新的一天来过，成功的定义被多元化，那就是活出自己。

我觉得一个人在这个社会上无论做什么工作，如果他喜欢自己的事业，那么他自己就会觉得所做的事情是对社会有贡献的，或者说哪怕没有贡献，但是他自己能够自得其乐。**我们不能用统一的标准去衡量成功，一个人如果觉得自己成功，那么对于他自己来说，就是成功的。**

3.

这几年照顾老妈，老妈去世后又在癌症行业做了一年，跟众病之王靠得很近，最大的感触是，人不到最后一刻，永远都不知道自己最想要的是什么。活着的时候，总是这山望着那山高，欲望源源不断，看肿瘤医院里被焊死的窗户的时候，我时常觉得，这就是真正的人间炼狱，进去之后的人，什么都不要了——只要能活命。

不客气地说，医院确实比监狱痛苦，毕竟一个仅仅是失去自由，而另一个，病痛袭来的时候求生不能求死不行的感觉，真的很难受。

那时候我妈妈病房隔壁有个姐姐，很少有人来探望她，貌似她在乌鲁木齐也没有什么朋友，一个人打针，一个人吃药，一个人治疗，一个人去食堂打饭，但性格开朗，也很坚强，从来没有像别的病人那样压抑到大哭，还经常跟我开玩笑。

有一次我去医院的路上，在天桥上碰见她，她一个姑娘穿了个红白相间的条纹病号服，买了个大西瓜往回走。我走过去把塑料袋抢过来，她一看我就乐了。

我说："你招呼一声，我就给你带上去了啊。干吗自己下来买。"

"闷得慌，我就下来走走。"她看着我说。

我被她的笑搞得有点尴尬，"你知道吗，"我指着肿瘤医院的大门说，"你是我第一个见到的进这里还笑得这么高兴的人。"

"可是我已经进来了，悲伤又有什么用呢？我在这里没有什么亲戚，我那么痛苦给谁看呢？"

乐观姐的外号从此而来。

我跟乐观姐互相加了微信，我妈妈转科室的时候我发微信告诉她，她是唯一一个能让我觉得癌症并没有那么可怕的人。

后来有一次她告诉我说："其实我也怕，但我知道，怕也没用。好歹身上还有几万块钱，还能撑一段日子。"

再后来我们互相告别，再也没有相见。

4.

这世界每天都有千百万人陷入比我们尴尬的境地，而我们真的不必把自己禁锢在小情绪里，面对这种困难，要有依旧能嘴角上扬的勇气。

吵架总好过分手，失恋总好过离婚，财产损失、倾家荡产，还好人没事，有什么困难能大过一场地震后亲人尽失，又有什么痛苦能大过病床上无助的呻吟。

跟这些比起来，你的那些痛苦和无助，根本就微不足道，需要的也许只是洗一个热水澡，盖上被子美美地睡一觉，毕竟明早，太阳晒进来的时候，一切都会好。

这个世界就是这样，有的时候乌云盖顶暴雨袭来，你不知道怎么办就被浇成了一个落汤鸡，那一刻你可能觉得自己就是全世界最倒霉的人。

有时候又突然阳光明媚，逼着你脱了秋衣秋裤、露出肌肉、换上夏装。

有时候你觉得全世界都抛下你，其实它根本就没有空理你。

我们心情好，或者心情不好，交了新朋友，与老朋友争吵，吃了一顿饱饱的自助餐，晒了一会儿太阳，或者被上司训斥，纠结要不要辞职，所有的这些，都是属于我们特有的情绪，就是这些东西，把我们变为了我们终将成为的那个人。这个世界，每天太阳升起又落下，不管你现在什么心情，它从来没有变过。

　　所以，如果你发现前方是绝路了，不妨试试找个地方痛痛快快地洗一个澡，去商店里买两套新衣服，把那或纠结或误解的问题抛在脑后，然后换个方向，奔向太阳。

别扯了，时间才不会改变一切

远离负能量，心向着太阳

1.

我曾经也是一个负能量爆棚的人，更可怕的是，当时的我以此为荣。

高二那年有一次开家长会的时候，我爸爸被语文老师留下，说我作文写得很不错，但是写的东西总是偏阴暗，这样下去考试会比较危险，因为高考的时候如果写负能量的文章，很容易被判很低的分数。

那天晚上回家，老爸各种批评，各种苦口婆心，说你这个孩子，太不阳光，干吗就揪着一些负面的东西不放手。

我的心里很不服气：因为这个世界，本来就是这个样子的啊，它充满了不公平，那些比我优秀的人，不一定是比我努力，他们的父母打一个电话，就能让他前程无忧。

我依然我行我素不知悔改，每周的随笔作文犀利而有趣，比喻都惟妙惟肖直指痛处，我为自己写出这样的文字洋洋得意。

直到有一天，我上课的时候看课外书，被那个刚刚毕业、文弱的语文老师逮了个正着，那书的名字我忘记了，只记得是一本当时流行的黑色幽默和残酷青春文学。

还好，那个语文老师是个特别有涵养的姑娘，她把我叫到办公室，说："其实我挺意外你这时候就来读这样的书，我们大四的时候，上课还在讨论这本书，可是你现在的年龄，不该过早地接触这种文字，你可以去多读一些名篇，世界不该是黑暗潮湿的，你要看见那80%的光明。很多时候正气和阴暗只是态度不同，但写出来的效果是完全相反的，你以前写的很多作文，如果换个角度讲，除了指出他们的不好，还可以说说改进的建议和改进方向，文章主旨和方向就上去了。"

高考的时候，我怂了，一向写阴暗面的我作文写得很正能量，当然，我高考语文成绩非常不错，在理科成绩全线崩溃的情况下，我很感谢那位老师的提点，虽然我承认，其中有很多应试教育的技巧，但是，得高分才是高考的目的。

2.

多年后想起来，只是觉得很可惜，因为那老师文学素养其实很好，如果当初能够早日听她的话，应该能从她身上汲取不少东西，只可惜那时候年少轻狂，拿着无知当个性。

多年之后最大的心得是，**负能量确实什么都带不给你，这世上最没有用的就是抱怨，它除了能让一个人心情低落扰乱军心之外，基本没有任何的正面激励。**

大学时候我的一个室友，就是那种整日把他家里穷的事情挂在嘴边的人，每次吃饭都要跟着去，却不带钱包，晚上夜谈会就会告诉我们他家里条件有多不好。第一次听的时候觉得很震惊：身边真有这样的人！好在我其他室友的条件都不错，大家遇见事情都慷慨解囊，从来都没有人在乎过钱。但是后来最大的问题是，他总是把那点儿事随机组合，见谁都说，而且讲的次数越来越多。有一次宿舍的一个男生跟他说："你家里那点事儿说了几年，我记的比毛概还熟。"

事实上，将自己的苦难史挂在嘴上，确实是个不好的习惯。家家有本难念的经，经济条件好的家庭也有苦恼，谁也不见得比谁过得好。你看到的，往往都是大家展示出来的光鲜亮丽的一面。大家也都喜欢阳光而有勇气的人，没有人喜欢祥林嫂。

3.

前几天马云写了一个帖子，大致的意思是，阿里巴巴不需要负能量的员工，如果你选择了待在一家公司里，那就不要整天抱怨公司不行。儿不嫌母丑，狗不嫌家贫，这是每一个步入职场的人都应该注意的问题，领导安排的事情，你负责解决，但你的负能量却只是在拼命说不行，可是世界上哪有那么容易的事情呢？交给你就是让你去想办法解决问题。

在任何一家公司做事，都要保持积极向上的态度，不要说领导的坏话，也不要跟同事讨论公司的缺陷。这是我工作多年后总结的经验。我招进来的应届生，从不怕他笨，甚至不怕他不上进，唯一怕的就是他带着负能量做事。这种人，他自己觉得不行，还要到处传播，时间久了，你就会发现，他会弄得整个团队都没有士气。

我有一个朋友，人其实是个很善良的人，但就是一身负能量。在他的眼里，这个世界上所有比他厉害的人都是靠的关系，所有跟他分手的女人都是绿茶婊，而跟他在一起的人都是图他的钱，他自己的朋友圈里整天发卡宴和宝马的图，却总说别人势利。

后来，虽然我们的关系很好，但是真的走着走着就走散了。因为他做事情的时候，看到的永远是这个社会的乌烟瘴气，却忽略了改变这些现状的关键，是自己的努力。

这个世界上没有谁天生喜欢负能量，大多数的负能量的人，要么遭遇了不公平待遇，要么是因为有一段不堪回首的感情经历，但是，如果你能用正能量去看待这些问题，你就会有让人觉得佩服的人格魅力。不要做被生活打倒的人，而要面朝着太阳，做用心生活的人，这样你才会变得人见人爱，也才更容易发现人生的乐趣。

追求稳定，拥抱变化

1.

2007 年的时候我在西安读大学，有一天跟几个朋友去买手机，西安的东大街上，诺基亚旗舰店的门口有一个横幅，上面写着：每六秒，全球就卖出去一部诺基亚手机。

这话说得慷慨激昂，把竞争对手狠狠地甩到了后边。那时候，我们一个宿舍的人都用诺基亚。我的诺基亚手机放在床边，经常会从宿舍的床上摔到地下，电池、后盖飞一地。然后我从床上跳下来，三秒组装，几个男生打闹完了，还能笑着迅速开机。

几年之后我拿着苹果手机，刷新闻的时候看见 cnBeta（中文业界资讯站）上报道诺基亚裁员，照片里，一大群员工在楼下抗议。心里不禁感叹这个世界真是风水轮流转，恐怕连诺基亚自己都没有想过，几年之后，一个曾经全球最大的手机品牌变成了微软的子品牌，一夜之间消失在了大众的视野里。

当一个人背靠在一个稳定的大环境里时，就很容易丧失危机感，毕竟，当年那些进入诺基亚的人，他们都有名校的学历，有足够丰富的知识，享受极为丰厚的福利待遇，是竞争对手高薪挖聘的优秀白领。

可是，这个世界的变化太快了，每一个领域，随时都在更新。

如今，大家手里拿着的，是已经满大街的苹果和安卓手机。手机从一个通信工具变成了一个万能工具，人们打出租车的方式由路边拦车变成了车到了楼下人才下楼，吃饭打开手机点一点就有人送货上门了，出去逛超市连钱包都不拿，带个手机就够了，网上不光可以买衣服，还可以买车、买房子。

难以置信吧，这一切，发生在短短的五年之间。

2.

我有个邻居，初中的时候学习成绩不好，十几岁的时候，有幸成为我们那群小伙伴里第一个谈女朋友的。后来上课传纸条被老师抓住了，老师请家长，老妈让他不要再早恋，把大好青春用在学习上。他比较淘气，对家里的意见丝毫不在意，依旧我行我素，逃课带着女朋友逛公园、买雪糕。

后来这个孩子上了高中，老妈说你要好好学习，考个好大学，他依旧整日吊儿郎当不当回事，各科挂红灯，不过好在这孩子还算聪明，高考最后半年的时候使了一把劲儿，又因为读的是文科，考前突击也还算来得及，于是高考的成绩不好不坏，压线上了一个本科院校。

后来老妈说，大学还是很重要的，你把课程学好了，以后找工作才有条件，咱们家就那么点儿家底，就算我们给别人塞钱，

别扯了，时间才不会改变一切

你也得成绩过的去吧。他还是不管，整天待在网吧里，浑浑噩噩的，大学四年很快过去了，眼看到了找工作的时候，去参加招聘会，望着人潮涌动的人才交流中心，他有点傻了。

这时候老妈又跳出来教导他，说你要听我的，我是过来人，你去考一个公务员，有编制就不会失业，工作嘛做什么不是做，而且社会地位也比较高。

这一次，男孩听他妈妈的了。

体会了上山下乡，吃了一辈子苦的父母某天突然发现，身边这个昨天还在怀里哭闹着要奶吃的孩子，一夜之间就长大了。眼看大四要毕业了，离找工作越来越近了，而自己作为一介草民，无钱无势，要门路没有要钱也没有，思来想去，还是让孩子考个公务员或者混个事业编制靠谱，毕竟学而优则仕，说不定未来混出个人模狗样也算光宗耀祖；如果混不出来，以后小两口在家里小日子过着也算平安喜乐。

我曾想过为什么大把的父母会让子女考公务员，后来我换位思考，如果我有个儿子或女儿，会让他做什么呢？想来想去明白了，确实公务员靠谱，毕竟自己的亲骨肉，太劳累谁不心疼，这年头都追求稳定，与其在私企里累得要死，不如当公务员自在，同样是打工，给这个国家打工最靠谱。

这想法错了吗？一点错都没有。天下的父母都是一个样子，为我们操碎了心。别说公家单位了，混私企混外企的，找工作也要找那种按时按点发工资的，谁有时间整天折腾劳动合同，进一家公司半年倒闭？

当然，这属于瞎操心。

3.

我们从小就被教育要听父母的话，听父母话的才是好孩子，我也不怀疑，我们的父母都愿意毫无保留地将他的人生经验传授给你，可是，有多少人认真思索过，你的父母，他们在这个社会上，这一辈子是否算是一个成功的人，如果不是，那么，他们努力传授给你的这些东西，是否会有偏差。

毕竟，你的人生从来就是你的，从你自娘胎里呱呱坠地开始，你就是一个有着独立人格和判断力的人，很多事情，大多只能随便听一听，自己做决定。

接受了若干年高等教育的莘莘学子，一边在微博上发状态，抱怨父母为什么不理解我，为什么一定要我考公务员，一边着急忙慌地买辅导书、报辅导班，不惜一战、二战、三战。

全世界恐怕只有我们才有这样的怪相，一个接受了16年教育的大学生毕业后，选择一门职业，竟然不是因为喜欢，不是因为赚钱机会多，不是因为自己对某个职业充满了想法，而仅仅是因为稳定，而这个选择，他跳进去了，很有可能就一辈子出不来。这些人，到底怎么面对自己未来的几十年？

4.

2012 年的时候联想遭遇裁员风波，联想的一个员工写了一篇稿子，叫《联想不是家》，认为一直把家当作企业文化挂在嘴边的联想一夜之间就把自己裁员了，简直翻脸不认人，曾经以为进入联想这个世界五百强公司，应该是何等风光的事情，现在被裁员了才想明白，企业给员工好处，是因为员工给企业卖命，从裁员可以看出，联想也不是什么负责的企业，不讲一点员工感情。

后来柳传志先生给他回了一封信，大致的意思是，企业就是企业，企业不会讲儿女情长，对企业来说生存是最基本的，如果一个企业陷入儿女情长，那就是对股东的不负责任。

唯一永恒的稳定，就是拼尽全力，不断学习，让这个社会需要你。

事实上，每一个人都在追求稳定，不论是公务员、学生、医生、大学教授，还是地铁站卖麻辣烫的小姑娘，大家都希望自己生活在一个稳定的环境里，毕竟，绝大部分人要的只是安安稳稳的生活。追求稳定没有错。

奋斗也不意味着要放弃稳定，毕竟这种代价太大了。

无论是考事业编制还是考公务员，或者是开一家能够在午后慵懒晒太阳的咖啡店，未来的你我都要进入一个全民学习型的社会，我才疏学浅，无法分析出公务员未来十年会变成什么样子。但我希望你知道，不要因为一个工作稳定，就浪费自己的生命。

2015 年，社保双轨制被打破，体制内开始缴纳社保。2016 年伊始，两会开始商讨实施医疗改革：医务人员不纳入编制、高校取消编制也被纳入改革议程，而另一边，供给侧改革在即，可能有超过 600 万国企员工面临下岗。

世界在变，而你也要保持清醒。毕竟，上世纪末之前，如果你告诉千万国企工人他们以后会下岗，他们也不信。

别扯了，时间才不会改变一切

就算父母皆祸害

1.

老妈去世之后，他跟老爸之间的沟通变得更少。

老妈大小是个生意人，与外边朋友接触得多，很多事情就算不能理解，大多数时候能够睁一只眼闭一只眼地过去，老爸则显得教条与死板，沟通一件事情往往过于坚持。还好他如今也长大成人，很多事情能够自己做主，一年之间父子两人见面的时间不会很长。

父子两个相处的状态通常是，他看着电视抽着烟，他则坐在电脑前，写文案、写稿子、写方案，制定计划和总结，追美剧，好在两个人毕竟是父子，虽然很少说话但并不尴尬。到了吃饭的点，老爸在厨房里忙着做饭，他的特权是可以肆意点菜，然后等老爸忙完了把饭端到客厅的茶几上，两个人看着电视吃着饭，偶尔交流，讲一些从小到大听过许多遍的笑话。父亲总是会说大道理，比如要敬业，要对公司负责，要善待下属，他好像在听，又好像没有听，反正听了许多年，翻来覆去就那几句。然后他继续工作，老爸叼着烟坐在那里看着闪烁的电视屏幕，后来太阳下山，老年人睡得早，通常老爸会先说一句我睡了，他则会脱掉身上的衣服去刷牙洗澡，换上新内裤，湿嗒嗒地从卫生间跑出来，关上卧室的门。

2.

《自杀俱乐部》里，少女杰丝在姐姐出走后，与神经质的母亲及任教育部长的父亲关系愈发紧张，在小结自己失败的青春期时，杰丝说父母皆祸害。2006 年，一个叫张坤的人将这本小说翻译成中文，并推荐至豆瓣网。2008 年 1 月，一名豆瓣网友邀她加入其新成立的小组，并担任小组管理员。

这个叫作"父母皆祸害"的小组，如今拥有 10 万组员，是豆瓣网上最火热的小组之一。

2010 年，我在《南方周末》上第一次看到了关于"父母皆祸害"的报道，《南方周末》评论这个小组：有一天，家成了最无法谅解的地方，这说明，一个时代和另一个时代的思维正在对峙。

我登陆了豆瓣网，找到了"父母皆祸害"加入了进去，同时加入的还有它的友邻小组——"讨厌亲戚"。

那时候和很多年轻人一样，我开始从帖子里面寻找自己。这里有很多因为各自的家族而争执的父母，因为给娘家或者婆家花钱而支离破碎的家庭，有强加干涉儿女的婚姻、工作、生活，打着爱的名义掠夺和绑架的爹妈。我们努力让周围的人理解和喜欢我们，却发现最难搞定的，是离我们最近的两个人。他们试图安排我们成为他们脑海里的人，把我们的人生改写成他们的人生，他们轻易地帮我们做决定，却从不问我们的意见，他们以门户之见拒绝我们相爱，却安排他们认为合适的人给我们相亲。

那些被神化的父母之爱，在这里被一层层剥开，原来他们也是凡人，也满是缺点一身毛病，一群无"家"可归的孩子，终于有可以发泄委屈的地方。

3.

前两天看了一个短视频，叫《你是不是父母的陌生人》。视频的内容超级简单，摄制组请了几个年轻人，问他们父母对他们的看法，大部分人对父母持有保留，因为对于他们来说，父母并不能理解他们的工作，然后又问他们父母的情况，很多孩子支支吾吾，对着摄像机说不清楚，紧接着又把孩子的父母请来，问他们一些孩子的问题，大部分父母答得顺畅。其中有一个细节，有一个老妈妈在说女儿爱吃什么的时候，一边在嘴里念叨，一边用手指比画。然后孩子上台，跟父母拥抱的时候泣不成声。

一部只有4分钟的视频，没有任何特效，没有什么后期剪辑，一般人用手机都可以拍得出来，但是看完后感触很深。

显然，父母对孩子的一些喜爱如数家珍，惭愧的是，我们在指责父母不理解我们的时候，我们也并不太了解父母，相比之下，好像还是他们了解我们多一些。

有时候过年回家，看见冰箱里老爸给我买的零食，包装老土的土豆片，某些已经忘记了名字的虾条，第一反应是这东西居然过了这么多年还有卖的？第二反应是好搞笑，老爸居然还记得。我时常把这个拿出来当作笑话，跟聚会的朋友分享，那时候觉得老爸土得可爱。

有一天回想起来，突然明白，这些东西，明明是你留给父母的最后记忆。这份记忆形成过后，你高考离开家，从此，这些记忆再无更新，直到有一天你忘记了，却发现他们都还记得。

生活中，我们都是那个指着他辛苦拉来的一车香蕉，告诉他们我明明喜欢吃苹果啊，高傲而无知地笑话着他的人。无比幸运的是，他们未曾像那个失望的备胎一样离开，只要你需要，他依然会微笑着站在你的面前。

我斜靠在椅子上把这个视频来来回回看了三四遍，想起了我自己。老爸问起我工作的时候，我大多数都是轻描淡写地说一句：我就是一个做互联网的。如果他再不知趣地问我一句，我大多会略微思考个几秒，告诉他：说了你也不懂。

我想，如果一天有记者拿着摄像机去采访我爸爸，我爸爸肯定不知道啥叫产品经理，应该是傻笑着对记者说：我儿子电脑一直都玩得不错。

可是，老爸爱吃什么？我能够数出来的也就是北京烤鸭、清炖羊肉这一类的食物，而这份菜单，也同样是若干年前再未更新的，而他也从未跟我再提起他爱吃什么。

4.

有一次跟一个朋友聊天，他问我对生活的看法，我说我还是蛮喜欢现在的自己的：想来上海就打电话问了一圈朋友，纵然一大半的朋友说不同意，我还是一咬牙、一跺脚坐上火车就来了；想做互联网就跑去网站上投简历，那时候连文凭都没有，就凭借一张简历纸，还有三寸不烂之舌就进来了；想当张江男就真的当了；就连小时候想写书，如今也出了。30 岁的时候，貌似人生一大半的理想都实现了。以前做一件事情，担心这个不开心，那个不开心，如今完全放开了，想做什么都做了，做人就该敢想敢做。我越说越兴奋，有点停不下来了。

然后我朋友问我："那你有什么遗憾的吗？"

我歪着头想了想，把茶杯里的茶水一饮而尽，然后说："有啊，我这个人，不太会做子女。"

"我不会做子女"是浙江卫视的主持人华少有一次在台下点评一个选手时说的一段话，我的印象极深，那次华少在荧幕前哭了，他说："作为一代独生子女，我告诉父母，我这么打拼是为了让他们脸上有光，是为了有一天让他们过上好日子，我也用这个理由搪塞自己，真实的目的却是为了自己更成功。"

这是很多独生子女的通病。

事实上，很多时候，我的父亲也确实以我为傲，虽然如今的我对自己的前程充满信心，对自己的未来不慌不忙，但我最大的愧疚是，那个陪我长大的人，我却没有时间陪他们变老。我们希望自己再奋斗一段时间，再成功一点，但是奋斗这个事情，哪里有个头呢？从来只有越来越忙的生意，越来越多的应酬。

5.

那年冬天乌鲁木齐特别冷，深夜的乌鲁木齐，外边橘黄色的路灯下飘着厚厚的雪花，但父子两个人都特别珍惜春节间的小团聚。两人安静地待在屋里，老爸坐在沙发上拿着 iPad 下象棋，他戴着大大的耳机浏览新闻。几分钟之后，他突然觉得有些饿了，他坐起身，用脚勾了勾拖鞋，然后站起来，慢悠悠地走到厨房，打开冰箱门，在冰箱里翻了半天。

"记得明天买点玫瑰红啊，我想吃了。"

老爸愣了一下，一张满是皱纹的脸转过来看着他说："好。"

他转身走进了浴室，开了灯，关上浴室的门，"哗……"浴室里传出了水打在地板上的声音。

十几分钟之后他从浴室里出来，屋里的电视关了，老爸应该是已经睡了。他从抽屉里拿出电吹风，插上插头打开了开关，"呜"的一声，他开始吹头发。

他听见门外"咔嚓"一声，他转过身，看见老爸提着一塑料袋葡萄走进来，衣服的毛领子上沾了一层雪，老爸没有看他，佝偻着身躯，站在那里抖着身上的雪。

他突然明白了什么，心里泛起一股酸楚，窗外，大风还是肆无忌惮地拍打着窗户。他问："干吗这么晚还出去啊，你这在哪里买的？大过年的这么晚附近开门了？"

老爸呵呵地笑着："难得你有想吃的东西，我怕你嘴淡。"

他有些感动又有点尴尬地站着，客厅的电脑里还播放着周杰伦的歌。

"外婆她的期待，慢慢变成无奈，大人们始终不明白，她要的是陪伴，而不是六百块，比你给的还简单。"

后记
与其相信时间，不如相信自己

1.

某天夜里跟几个哥们儿聚会，兴趣盎然地跟朋友们瞎聊。一个朋友问："假如有一天不再为钱担心，你会干什么？"我想了想，说："我的理想是开一家 24 小时营业的咖啡厅，装修文艺而简单，卖一些饮料、果酒和简单的小食。有一面墙是一个大大的实木书柜，里面放了很多书，大家可以随意阅读。墙上有很多邮筒，以年份区分，你可以在这里给朋友寄明信片，或者给未来的自己和朋友写信。咖啡厅每个桌上都有 MacBook 或者 iPad，大家可以在这里上网娱乐，饿了就用烤箱 DIY 一些小零食。年轻的妈妈可以带着孩子做一些亲子沙画，还要养一只猫、一条狗，也在咖啡厅里自由自在的，在阳光斜射进来的时候打盹。将一台投影投到墙上，从早到晚放宫崎骏的动画。旁边放着 Xbox One 和 PS4，几个哥们可以在屋子里踢一局实况足球。上班的朋友可以在里面开会，做一些 PPT 研讨。文艺青年心血来潮，可以摘下墙上的吉他轻吟浅唱，或者坐在钢琴前弹上一曲；失恋的姑娘来喝一杯，也可以红着双眼讲擦肩而过的故事。我则坐在角落里听着轻音乐写一些故事，一抬头太阳就落山了，这样过一生多么舒服。"

朋友笑着说："我是听明白了，你打算搞个失恋联盟，专门收容失恋女青年。喝杯葡萄酒故事讲完了已经夜深人静，两个人一起去楼上的太空舱休息，楼下的牌子上写上请勿打扰，闲人免进。"

一桌子的朋友笑得前仰后合，我抓起桌上的筷子扔过去。

"你这个怎么收费啊？"

"搞成自助呗。进来待一天，吃、住、玩都可以，按人头收费，24小时计费一次。"

"你这种不靠谱的。"

"为啥？"

"你这咖啡厅面积小不了，大城市房租太高，你投资太大，收不回来，小城市消费水平没这么高，但你收费肯定低不了，谁会花钱玩这个？你强调设计感，要注重细节，所以会在很多小细节上浪费大量资金。你的咖啡厅再精致、文艺，时间长了大家一样会腻，再说，这种店人一多就文艺不起来了，人少的话，你又赚不上钱。最重要的一点是，这年代开书店就是赔死的节奏啊。"

我说："刚不是说了吗，在已经不用担心经济的情况下，就是说不用考虑盈利。"

朋友笑着摇头："有时候真羡慕你，我现在哪有那个斗志。之前谈过几个女朋友，都是费尽了心思追来的，可是家里不同意，26 岁时我老妈给我介绍了一个，我穿得邋里邋遢去相亲，没想到姑娘看上我了，觉得我是个过日子的人，于是就结婚了。如今老婆孩子热炕头，前两天丈母娘病了，我和媳妇既忙着照顾孩子，又忙着照顾她，理想？印象里是 20 世纪才会追求的事情。"

我笑了一下，坐下安静地喝茶，不再继续这个话题。

31 岁的时候，还把理想挂在嘴边，其实是件很不上台面的事情。理想是十几岁的少年，用来给自己打鸡血用的，而立之年一过，大家基本上都要担负养房、养车、养孩子的重任。

比较幸运的是，我身边有这样一群朋友，他们在听到我的理想的时候，就开始帮我出谋划策，给我已经处在这个行业内的朋友的微信，跟他们打招呼让他们帮帮我，更有甚者，是拍拍我的肩膀说"啥时候干，加我一个呗"。

我比任何一个人都清楚，我们早晚有一天会成家，有孩子，会买房子和车，会逐渐归于平庸。而我担心的是，有一天，我不再有理想。好在上海这座城市，虽然历史久远，但永远年轻，每天坐在地铁上，看着周围为生活奔波，为理想奋斗的人的脸，我

别扯了，时间才不会改变一切

时常觉得自己依然是那个二十几岁的热血少年，以后的路即使坎坷，也无所畏惧。

2.

在西安上大学的时候，有一天傍晚我从学校里出来，一个面容青涩的小男生发传单给我，我打开一看，是一家 IT 培训公司的广告，上面画了三个带着学士帽的男人，文案写着：学了××编程技术，十万年薪不是梦。我把那张纸随手扔进垃圾桶，因为那时候的我觉得，月薪 8000 元已经是件很了不起的事情了，应该能潇洒地带着女朋友到处去旅游了，所以那个传单太假了。

小时候我住的院子里有一个阿姨，身体有点残疾，但是会用五笔输入法，所以她当时在厂子里的工资非常高，每天穿着白衬衫打打字，日子很轻松。那时候我最羡慕的就是穿着白衬衫在电脑前打字的人，他们动动手指就能拿到很多人拿不到的工资。后来上了初中我经常泡在网吧玩电脑，老爸发愁地说："你这样下去怎么得了？电脑能玩得了一辈子吗？"现在的我，却真的一直在和计算机打交道，并因此收获了自己想要的一切。

小时候最羡慕的就是能坐飞机的人，因为觉得坐得起飞机的都是有钱的成功人士。那些拉着旅行箱在机场奔波的人，可以吃到各地的美食，可以去各种不同的地方玩，而且飞机上也比火车上干净很多，这一切都让我对飞行生活充满了兴趣。

如今，那些新进公司的应届生，个个朝气蓬勃、一脸坚定，为一个又一个目标而努力，而周围看起来薪水已经不低的老同事们，早已没有了当初的激情，每个月工资交了房贷后所剩无几，而且一个个这山望着那山高，日子过得算不上好。我也整日抱着电脑做文档、写故事，倒是真的成了外人眼里的白领，可惜日日加班，夜里还躲在屋子里改 PPT。听到公司安排出差，一个头就变得两个大，往往早晨很早就要拉着行李箱赶去机场，可能天气不好机场大雨，于是飞机延误，半天时间又耗在那里。有天晚上深圳下着大雨，我一个人拖着行李箱躲在必胜客里，心里突然泛起委屈，想改签机票回老家吃羊腿抓饭和皮带面、大盘鸡。

年轻最大的好处就是你会对未来的生活充满新奇，而只要你努力，一定会有一个时机，你会过上曾经羡慕的生活。年轻是最好的资本，只要你努力。

嗯，其实我是想说，慢慢来，一切都来得及。

3.

有一次独自在深圳出差，傍晚的时候一个人闲着无聊，坐在宾馆门口的咖啡厅里喝咖啡。那天，咖啡厅里的人并不多，我坐在咖啡厅里玩手机，离我五米远的地方，坐着一对情侣，正在说话，而我可以透过咖啡厅的镜子，看到斜后方的他们。我隐约听到那个男生情绪激动地跟女生说了一大堆话，女生则面露惋惜，一个劲儿地跟男生感谢和道歉。

几分钟之后，我听明白了，这两个人是在分手告别，男生是被甩的一方。于是，我一边假装若无其事地品尝咖啡，一边偷偷地瞄着那块镜子，好奇他们之间有怎样的故事。

女生说了几句话后，就起身离开了，只留那个男生一个人在那里坐着，他并没有追出去，应该是已经死心。我透过那面镜子观察他，感觉他坐立不安，他们桌上放着两杯咖啡，杯盖并没有打开，吸管也没有拆，虽然叫了咖啡，但显然两个人谈话的时候，都没有喝咖啡的胃口。过了三分钟，男孩低着头在手机屏幕上快速地打字，他应该是在跟朋友诉说分手的事情，一会儿打字一会儿发呆。

突然，我看见他从桌上拿起餐巾纸，在眼睛那里抹了一下。

他哭了。

恋爱中，女生掉眼泪我看过无数次，但男生还哭得这么伤心让我有些意外，毕竟从外表看他很强壮，个头也蛮高，怎么看都是个铁血汉子，而且咖啡厅这种地方，毕竟不是在家里，人来人往的。我怕他看见我的时候尴尬，于是，拿起咖啡，走出咖啡厅，留他一个人在咖啡店的角落里伤心。

江美琪有一首歌叫《有个男生为我哭》，讲男生在感情无法挽留的时候，无助无奈又无辜的样子。而那一刻，其实我心里最大的感受是年轻真好。

很少有中年人为了感情的事情哭得稀里哗啦。那些彻夜难眠地等一个人的短信，因为对方没有说晚安而失落，在某个深夜无助又愤怒地把一个人拉进黑名单，第二天清早起来后悔不已盼着他能回个电话，这样的事情，年轻的我们都干过。

而这种激情，随着年龄的增长，心智的逐步健全，发生的概率越来越低。30岁的姑娘相亲，先问房子有吗、车子有吗、你一个月拿多少钱，所有的标准都符合预期才肯坐下来喝一杯，天知道她到底是真的有那么忙还是一整天都无所事事。民政局里离婚的夫妻，又有多少分手的时候掉一滴眼泪的，很多夫妻走到最后都恨对方恨得牙痒痒，两个朝夕相处的人，累得连沟通的欲望都没有，干脆就是法院怎么判怎么来，谁都不愿意僵持，或者多说一个字。

只有年轻人，时刻有这种为了爱情什么都不顾的精神和欲望，我不知道男生女生有多少是真正相爱的，但我相信，一个七尺男儿在女孩转身后掉眼泪的那一刻，是动了心的。

年轻是件特别酷的事情，因为年轻，可以冲动，面对权威，永远一副初生牛犊不怕虎的样子；因为年轻，虽然你收入不高、累个半死，但你依然可以微笑着坦然面对，相信未来五彩斑斓；因为年轻，你遇见不懂的东西愿意花时间去学，遇见失去的东西幡然醒悟后有机会去挽回；因为年轻，你可以大胆地去做自己想做的事情，你摔倒了 80 次，可是第 81 次你还可以爬起来。

因为年轻，所以你不必着急，因为你心里有期待和盼望，所以只要你坚定不移地向前，那么一切都皆有可能。

4.

这是我人生中的第二本书，写了生活中的一些小故事和自己的一些感悟。写书之前我问周围的朋友，学习和工作中有哪些道理，是自己摔倒后领悟的，觉得能让自己清醒的，那一瞬间整个微信群里沸腾起来，每个人都有关于人生、事业以及感情的道理、想法、感悟，整个话题持续了两天，还没有停息。

我一条一条地翻看他们说的话，想起了那句"懂得很多道理，可是仍然过不好这一生"。

网络上说励志鸡汤为什么不好喝，是因为他们不给勺子。我跟编辑说我想写一些故事，哪怕不那么鲜香，我也会尽力把勺子给你。

我更懂得，人之忌，在好为人师，作为一个小透明，这两年写的故事被大家喜爱，我常常受宠若惊。只是希望这些故事，能让朋友们重新思考和认识自己、了解自己、接纳不完美的自己，发现生活中更多美好的情趣。哪怕思考过后觉得，你说的完全不对，请相信，我也觉得万分荣幸。

2016 年我有几个愿望，比如尽快完成自己的婚姻大事，步入家庭；比如我可能要开始学着做一个好丈夫，为成为一个父亲做准备；而同时，我也和你们一样，心疼父亲的老去，想做点什么却发现更多时候自己无能为力，还想让自己的事业更稳定一点，出国旅游可以不必再为钱包担心。

你看，越说越贪心，哪有那么好运，中年危机袭来难免顾此失彼。

幸运的是，我在夜深人静的时候，将冲破了身体的负能量，发在微博上时，有你们的询问和关心。

感谢陪在身边的六月姑娘，经历了无数风雨，我们依然不离不弃。

感谢一个人在家乡忍受孤独，白了头发的父亲，请放心，我会更加努力。

感谢这本书的编辑唐可，感谢天雪文化的各位为这本书做出的努力，哪怕我们未曾相遇。

对了，最重要的是，感谢默默支持我的你。

我们如此幸运，在这个美好的时代，我们都还年轻。

我们如此幸运，可以不必慌忙，一切都还来得及。

一起拼吧，哪怕此刻你的世界刚刚经历倾盆大雨，可是我相信，盖上被子睡一觉，明早的太阳还很新。

相信我，若干年后，当你们再回忆起年轻时的时光，都会和我一样，笑着谢谢那个多年前懵懂、惊慌失措却又勇敢地迈出了第一步的自己。

这世上总有人会成功，那为什么不去试试？说不定就是你。

王远成

2016 年 3 月 28 日

后记

不如相信自己，

与其相信时间，